Alexandre Ciliberti

Le varan du Nil, indicateur de pollution des zones humides africaines

Alexandre Ciliberti

Le varan du Nil, indicateur de pollution des zones humides africaines

Étude de terrain au Mali et au Niger, travaux expérimentaux en conditions contrôlées

Presses Académiques Francophones

Impressum / Mentions légales
Bibliografische Information der Deutschen Nationalbibliothek: Die Deutsche Nationalbibliothek verzeichnet diese Publikation in der Deutschen Nationalbibliografie; detaillierte bibliografische Daten sind im Internet über http://dnb.d-nb.de abrufbar.
Alle in diesem Buch genannten Marken und Produktnamen unterliegen warenzeichen-, marken- oder patentrechtlichem Schutz bzw. sind Warenzeichen oder eingetragene Warenzeichen der jeweiligen Inhaber. Die Wiedergabe von Marken, Produktnamen, Gebrauchsnamen, Handelsnamen, Warenbezeichnungen u.s.w. in diesem Werk berechtigt auch ohne besondere Kennzeichnung nicht zu der Annahme, dass solche Namen im Sinne der Warenzeichen- und Markenschutzgesetzgebung als frei zu betrachten wären und daher von jedermann benutzt werden dürften.

Information bibliographique publiée par la Deutsche Nationalbibliothek: La Deutsche Nationalbibliothek inscrit cette publication à la Deutsche Nationalbibliografie; des données bibliographiques détaillées sont disponibles sur internet à l'adresse http://dnb.d-nb.de.
Toutes marques et noms de produits mentionnés dans ce livre demeurent sous la protection des marques, des marques déposées et des brevets, et sont des marques ou des marques déposées de leurs détenteurs respectifs. L'utilisation des marques, noms de produits, noms communs, noms commerciaux, descriptions de produits, etc, même sans qu'ils soient mentionnés de façon particulière dans ce livre ne signifie en aucune façon que ces noms peuvent être utilisés sans restriction à l'égard de la législation pour la protection des marques et des marques déposées et pourraient donc être utilisés par quiconque.

Coverbild / Photo de couverture: www.ingimage.com

Verlag / Editeur:
Presses Académiques Francophones
ist ein Imprint der / est une marque déposée de
OmniScriptum GmbH & Co. KG
Heinrich-Böcking-Str. 6-8, 66121 Saarbrücken, Deutschland / Allemagne
Email: info@presses-academiques.com

Herstellung: siehe letzte Seite /
Impression: voir la dernière page
ISBN: 978-3-8416-2626-4

Copyright / Droit d'auteur © 2013 OmniScriptum GmbH & Co. KG
Alle Rechte vorbehalten. / Tous droits réservés. Saarbrücken 2013

N° d'ordre : 241-2011 Année 2011

THESE DE L'UNIVERSITE DE LYON

Délivrée par

L'UNIVERSITE CLAUDE BERNARD LYON 1

ECOLE DOCTORALE INTERDISCIPLINAIRE SCIENCES-SANTE

DIPLOME DE DOCTORAT

(arrêté du 7 août 2006)

Thèse soutenue publiquement le 30 novembre 2011

par

M. Alexandre CILIBERTI

LE VARAN DU NIL (*Varanus niloticus*), INDICATEUR DE LA POLLUTION DES ZONES HUMIDES D'AFRIQUE SUB-SAHARIENNE

Directeurs de thèse : M. Philippe BERNY

M. Vivian de BUFFRENIL

Jury : M. François RAMADE

M. Fabrice MONNA

M. Yves PERRODIN

M. Pierre JOLY

M. Francis CHAUVEAU

A la mémoire de Sophal

" *Bindenwaran* "

Alfred Edmund Brehm

Brehms Tierleben, 1880

Remerciements

En premier lieu, je tiens à remercier chaleureusement Mme Ménéhould de Bazelaire, M. Marc Stoltz et M. Francis Chauveau : c'est l'intérêt sincère, profond et désintéressé que vous avez manifesté pour ce projet, lorsqu'il vous a été présenté il y a quelques années, qui est à l'origine de toute cette belle aventure.

Je tiens à exprimer ma reconnaissance la plus respectueuse aux membres du jury :

- MM. François Ramade, Yves Perrodin et Fabrice Monna, qui m'avez fait l'honneur de bien vouloir jouer le rôle de rapporteurs pour le manuscrit ;
- M. Pierre Joly : la place que vous avez tenue tout au long de ma formation m'a conduit tout naturellement à solliciter votre expertise pour ce travail.

Merci à Philippe Berny, pour le co-encadrement de mon travail, depuis mon année de Master II, et pour m'avoir donné la possibilité de l'accomplir au laboratoire de toxicologie de VetAgro Sup.

Tous mes remerciements, également, à Franck Rival, Jean-Marc Péquignot, Etienne Benoît, Didier Pin, Patrick Belli, Thierry Marchal, Sara Belluco, Céline Dussart, Benoît Rannou, Georges Boivin, et à toutes les autres personnes qui de près ou de loin m'ont aidé et rendu la vie plus facile durant ces dernières années, au laboratoire de toxicologie ou ailleurs, à VetAgro Sup ou en dehors. Mention spéciale pour Marie-Laure Delignette-Muller : sans tes conseils en statistiques, la portée de ce travail aurait été tout autre.

Ma reconnaissance va également aux membres du comité d'éthique de VetAgro Sup, pour leurs conseils avisés, et leur accompagnement de grande valeur.

Un grand merci à toute la troupe délicieusement déjantée des cours d'anglais : les fous rires partagés et vos encouragements étaient bien plus précieux que vous l'imaginez ! Un merci spécial à Tim pour la relecture des publications.

Sam, Béa, Eric, et toute l'équipe de la Ferme, veuillez recevoir ici toute ma gratitude pour votre aide et votre ouverture, qui ont contribué à la réalisation de ce travail.

A l'IRD au Mali et au Niger, et notamment Guillaume Favreau, Jean-Louis Rajot et Gauthier Dobigny : merci pour l'inestimable aide logistique que vous avez mise à notre disposition... et pour tout le reste.

L'aide des pêcheurs maliens et nigériens pour tous les travaux de terrain constitue la clé de voûte de cette étude. La collaboration des autorités locales (PASP et Direction Nationale des Eaux et Forêts au Mali ; Parc du W et Direction Générale de l'Environnement et des Eaux et Forêts au Niger) a également été essentielle. Bourama Niagaté, Moctar Guindo, Cheikh Sylla, Mamadou Camara, Demba Sidibé, Aladiogo Maïga, Halimatou Traoré, Safiatou Berthé, Moussa Djibey, Abdou Adamou, Soumaïla Saïlou, Issa Mariama Ali Omar, Oumara Boucar : merci à vous tous !

Aux thèsards, ex-thèsards et autres amis de VetAgro Sup, merci pour votre présence, votre aide précieuse ou simplement pour la camaraderie qui a rendu le quotidien plus agréable : Mickaël, Agnès, Audrey, Benjamin, Alice, Farah, Aliénor, Julie A., Bérénice, Ahmed, Julie V., Adrien, Abdé, Lysiane, Seb, Thibaud, Solange, Anne-Sophie, Christiane, Claire, Céline, Bernadette, Michelle, Caroline, Diane, Justine, Nico et Jérôme.

Merci à mes amis, à la clique du sept-un, à celles de la fac, de l'école et de Lyon, pour vos encouragements et l'intérêt (le plus souvent, hem...) sincère que vous avez manifesté pour mon travail !

Jacqueline et Robert : je tiens à vous remercier pour votre chaleur, votre bienveillance et votre optimisme permanents. Quel plaisir de retrouver ce confort près de chez moi.

Mes parents, je ne sais comment vous remercier à la hauteur de ce que vous avez fait, et de ce que vous continuez à faire, pour moi. J'espère que vous êtes conscients que tout ce qui arrive de beau dans ma vie aujourd'hui, c'est grâce à vous.

Merci à toi, Luc, pour tes conseils, ta sérénité communicative et ton aura qui plane autour de mon travail depuis un certain coup de fil de mai 2001. Sans toi c'est une autre voie que j'aurais suivie.

Et bien entendu, je tiens à exprimer toute ma gratitude envers vous, Vivian : bien au-delà de l'encadrement irréprochable de mon travail, de votre présence et de votre implication, vous m'avez apporté votre savoir, votre expertise et votre expérience ; vous m'avez fait profiter du foisonnement d'idées qui vous arrivent continuellement. Merci aussi pour ces moments inoubliables lors des missions de terrain, au Mali et au Niger, et pour ces longues discussions, toujours passionnantes et constructives, sur les questions scientifiques et sur bien d'autres sujets.

Enfin, Muriel : comment te placer au milieu d'une liste ? Merci pour le bonheur que tu m'apportes au quotidien depuis plus de douze magnifiques années.

Résumé :

En Afrique, la contamination des zones humides par les métaux et les pesticides va se poursuivre durablement. Pour autant, le statut toxicologique de ces milieux reste trop peu documenté. Le but du présent travail est d'estimer la valeur du varan du Nil (*Varanus niloticus*) en tant qu'espèce sentinelle pour la contamination des zones humides continentales d'Afrique sub-Saharienne. Plomb, cadmium, et pesticides organochlorés et organophosphorés ont été quantifiés, par spectrométrie d'absorption atomique et chromatographie gazeuse (respectivement), dans plusieurs tissus provenant de 71 spécimens issus de quatre sites (au Mali et au Niger) jugés *a priori* inégalement contaminés. Bien que des différences claires apparaissent, la contamination environnementale s'avère modérée sur les quatre sites, et ne semble pas constituer un risque notable pour les varans ni pour les humains qui s'en nourrissent occasionnellement. Toutefois la variabilité interindividuelle est importante. Les organotropismes des polluants détectés sont cohérents avec ceux préalablement décrits. Si l'on n'a pu mettre en évidence de différence liée au sexe en ce qui concerne les pesticides, les femelles présentaient des charges en métaux supérieures. La relation entre d'autres facteurs (taille, proportion de graisse) et les concentrations tissulaires a également été considérée. Les varans sont susceptibles de révéler des différences subtiles de contamination environnementale entre sites, et la résolution spatiale de l'outil semble très fine. La possibilité pratique d'utiliser cet indicateur se trouve donc validée. Un travail expérimental sur des varans captifs a par ailleurs été mené pour approfondir l'étude.

Mots Clés :

Espèce sentinelle ; Plomb ; Cadmium ; Organochlorés ; Organophosphorés ; Pesticides obsolètes ; Zones humides ; Afrique ; Squamata

The Nile monitor (*Varanus niloticus*), an indicator species for pollution in sub-Saharan wetlands

Abstract:

In Africa, metal and pesticide contamination of wetlands is supposed to continue on a permanent basis. However, the ecotoxicological status of these ecosystems remains poorly documented. The aim of the present work is to assess the value of the Nile monitor (*Varanus niloticus*) as a sentinel species for the environmental contamination of continental wetlands in sub-Saharan Africa. Lead and cadmium on the one hand, and organochlorine and organophosphate pesticides on the other, have been quantified in several tissues by atomic absorption spectrophotometry and gas chromatography, respectively. Samples come from 71 specimens originating from four sites considered unequally contaminated (in Mali and Niger). Although clear differences appear between sites, the environmental contamination turns out to be moderate at the four sites, and does not seem to represent a significant risk neither for the monitors themselves, nor for occasional human consumers. However, the interindividual variability is important. The organotropisms relative to the detected pollutants are consistent with those described in previous studies. Concerning the pesticides, no gender effect has been found, whereas females were more contaminated by metals. The relation between other factors (size, proportion of fat) and tissue concentrations has been considered too. Nile monitors can reveal subtle differences in local pollution and the spatial resolution of this tool seems to be very sharp. Its practical relevance is thus validated. Additionally, an experimental work has been carried out on captive monitors to go into the subject in greater depth.

Keywords:

Sentinel species; Lead; Cadmium; Organochlorines; Organophosphates; Obsolete pesticides; Wetland; Africa; Squamata

VetAgro Sup – Campus Vétérinaire

USC 1233 INRA / VetAgro Sup – Métabolisme et Toxicologie Comparés des Xénobiotiques

1 avenue Bourgelat, F-69280 Marcy-l'Etoile

TABLE DES ILLUSTRATIONS

FIGURES

Sauf indication contraire, toutes les photographies sont des clichés personnels.

Figure 1 : Cladogramme des Squamata   p. 36

    D'après Pianka et Vitt, 2003.

Figure 2 : Aire de répartition du genre *Varanus*   p. 37

Figure 3 : Les varans africains   p. 38

    Illustrations tirées de http://www.sareptiles.co.za/ ; http://www.naturephoto-cz.eu/ ; http://hspawar.mywebdunia.com/ ; http://en.wikipedia.org/.

Figure 4 : Attributs physiques des varans   p. 39

    Illustrations tirées de http://www.reptilechannel.com/ ; http://www.labuanbajo-flores.com/ ; http://www.herpcenter.com/ ; http://www.republicart.com/.

Figure 5 : Taille des varans   p. 40

    Illustrations tirées de http://uts.cc.utexas.edu/~varanus/ ; http://www.reptileforums.co.uk/ ; http://www.indonesiatraveling.com/.

Figure 6 : Mode de vie des varans   p. 41

    Illustrations tirées de http://www.newworldencyclopedia.org/ ; http://geres-asso.org/ ; http://www.cons-dev.org/ ; http://www.flickr.com/photos/.

Figure 7 : Aires de répartition de *V. niloticus* et de *V. exanthematicus*   p. 43

Figure 8 : Apparence générale de *V. niloticus*   p. 45

Figure 9 : Attributs physique du varan du Nil   p. 46

Figure 10 : Organisation et croissance du fémur de varan du Nil   p. 49

Figure 11 : Localisation des 4 zones d'échantillonnage   p. 52

Figure 12a : Zone de Niono/Molodo, Mali *(carte « Google maps »)*   p. 54

Figure 12b : Zone de Flabougou, Mali *(carte « Google maps »)*   p. 54

Figure 12c : Zone de Niamey, Niger *(carte « Google maps »)*   p. 55

Figure 12d : Zone de Diffa, Niger *(carte « Google maps »)*   p. 55

Figure 13 : Profil météorologique des 4 zones d'échantillonnage   p. 57

Graphiques d'après http://www.levoyageur.net/

Figure 14 : Eléments d'anatomie de *V. niloticus*   p. 61

Figure 15 : Accumulation du plomb et du DDT chez *V. exanthematicus*   p. 131

Figure 16 : Corrélations avec les charges des indices non destructeurs   p. 136

TABLEAUX

Tableau 1 : Paramètres morphométriques pris en compte lors de l'étude   p. 60

Tableau 2 : Liste des 41 pesticides recherchés chez *V. niloticus*   p. 72

Tableau 3 : Concentration des métaux dans les indices non destructeurs   p. 97

Tableau 4 : Tissus utilisés pour doser les pesticides chez *V. niloticus*   p. 111

Tableau 5a : Concentration de plomb chez les varans expérimentaux   p. 129

Tableau 5b : Concentration de DDT chez les varans expérimentaux   p. 130

TABLE DES MATIERES

INTRODUCTION ... 19
Problematique generale ... 21
Objectifs ... 28

MATERIELS ET METHODES ... 33
Generalites sur les varans ... 35
Systématique ... 35
Biogéographie et présentation des varanidés ... 36
Morphologie et taille ... 39
Ecologie ... 40
Caracteristiques specifiques du varan du Nil ... 43
Systématique et biogéographie ... 43
Morphologie et taille ... 44
Mode de vie et habitat ... 47
Régime alimentaire ... 47
Territoire ... 48
Tissu osseux ... 48
Quiescence ... 50
Statut réglementaire ... 50
Sites de capture ... 51
Le site de Niono/Molodo, au Mali ... 52
La ville de Diffa, au Niger ... 56
La capitale du Niger, Niamey ... 56
Le village de Flabougou, zone témoin, au Mali ... 57
Modalites de capture, mesures et prelevements ... 58

    Captures 58

    Mesures 59

    Prélèvements 60

  CHOIX ET PRESENTATION DES POLLUANTS ETUDIES 62

    Métaux 62

    Pesticides organochlorés 65

    Pesticides organophosphorés 69

  ASPECTS ANALYTIQUES 73

    Métaux 73

    Pesticides organochlorés 76

    Pesticides organophosphorés 77

  ANALYSES STATISTIQUES 79

    Traitements statistiques appliqués aux dosages des métaux 80

    Traitements statistiques appliqués aux dosages des pesticides 82

PARTIE 1 - DOSAGES DE METAUX DANS LES TISSUS DE VARANS PRELEVES DANS LA NATURE 85

  ARTICLE 1 87

    OBJECTIFS 87

    RESULTATS ET DISCUSSION 89

      Valeur de l'outil et contamination des sites 89

      Contamination des tissus 91

      Influence du sexe 92

      Influence des variables morphométriques 93

      Effets de la contamination sur les varans 94

      Effets de la contamination sur les consommateurs de viande de varan 95

    CONCLUSIONS 96

  RESULTATS COMPLEMENTAIRES NON PUBLIES PAR AILLEURS 96

OBJECTIFS 96

RESULTATS, DISCUSSION ET CONCLUSIONS 97

PARTIE 2 - DOSAGES DE PESTICIDES DANS LES TISSUS DES VARANS PRELEVES DANS LA NATURE 101

ARTICLE 2 103

OBJECTIFS 103

RESULTATS ET DISCUSSION 105

    Risques liés aux stocks de pesticides obsolètes 105

    Contamination des sites 106

    Variabilité interindividuelle et différences entre sites 108

    Charges en pesticides et caractéristiques des varans 109

CONCLUSIONS 110

RESULTATS COMPLEMENTAIRES NON PUBLIES PAR AILLEURS 110

PARTIE 3 - CONCLUSIONS RELATIVES AUX VARANS SAUVAGES 113

PARTIE 4 - ETUDE EXPERIMENTALE 117

VERS UNE APPROCHE EXPERIMENTALE 119

MATERIEL ET METHODES 120

    Choix de l'espèce 120

    Caractéristiques spécifiques du varan de savane. 121

    Animaux expérimentaux 123

    Hébergement 123

    Protocole expérimental 124

    Prélèvements et analyses 125

    Aspects analytiques 126

    Traitement statistique des données 126

RESULTATS ET DISCUSSION 127

Absorption et accumulation des polluants administrés *128*

Survie des varans aux doses administrées... *132*

Utilisation des IND *134*

Etude des organotropismes.. *136*

PARTIE 5 - CONCLUSIONS GENERALES ET PERSPECTIVES 137

RÉFÉRENCES BIBLIOGRAPHIQUES 143

ANNEXES 159

INTRODUCTION

PROBLEMATIQUE GENERALE

Les zones humides continentales sont d'une importance capitale pour la conservation de la biodiversité, dans la mesure où elles constituent des milieux privilégiés pour l'alimentation, la reproduction et les migrations de nombreuses espèces animales. Elles présentent aussi une grande importance pour les populations humaines qui y vivent ou en tirent leurs ressources (Ramsar Convention, 1971 ; Brönmark et Hansson, 2002). La contamination de ces milieux par des polluants environnementaux, capables d'affecter les communautés écologiques et d'altérer la qualité et le fonctionnement des écosystèmes (Ramade, 2010), est donc un sujet d'importance majeure.

Les métaux et les pesticides organochlorés sont les principaux contaminants des zones humides continentales. Dans un passé récent, cette pollution environnementale était globalement moins élevée en Afrique que dans les pays dits « du nord ». Cependant, en raison d'un développement économique rapide, de l'industrialisation et de l'urbanisation croissantes, le statut écologique des zones humides continentales africaines est fortement compromis (Biney et al., 1994 ; Bronmark and Hansson, 2002 ; Calamari, 1985 ; N'Riagu, 1992 ; Karlsson, 2002 ; Lacher and Goldstein, 1997). Aujourd'hui, il apparaît qu'en de nombreux endroits d'Afrique les niveaux de contamination par les métaux de l'eau, des sédiments, des sols, des plantes, des animaux et/ou des êtres humains (voir l'article de synthèse de Yabe et al, 2010) sont bien supérieurs aux maxima fixés par des organisations internationales (telles que l'ONUAA et l'OMS) ou l'Union Européenne (CE, 2001, 2005 ; ONUAA, 2003, 2004 ; OMS, 1994). Des études prévisionnelles indiquent que, sous les latitudes tropicales (de 25° N à 25° S), la menace que ces contaminants représentent continuera à augmenter pendant encore au moins une quinzaine d'années (Brönmark et Hansson, 2002).

Depuis plus d'un demi-siècle, l'agriculture a largement recours aux pesticides dans les pays développés. En Afrique, le remplacement progressif de variétés végétales traditionnelles par des cultures à haut rendement qui produisent davantage mais sont moins résistantes aux maladies, parasites et ravageurs, a également imposé leur usage. En raison de l'accroissement rapide de la démographie que connaissent de nombreux pays africains, et des besoins alimentaires qui lui sont associés, les cultures vivrières, elles aussi, reçoivent fréquemment des traitements phytosanitaires. Cet essor démographique, l'augmentation continue de la superficie relative des terres agricoles, ainsi que le développement des entreprises commerciales en lien avec l'agriculture, sont autant de raisons qui suggèrent que, comme dans les autres régions en développement, l'usage des pesticides en Afrique va augmenter encore dans les années à venir (Lacher et Goldstein, 1997).

En dépit de ces constats, le statut sanitaire des zones humides africaines, et particulièrement leur statut toxicologique, demeure insuffisamment documenté (Karlsson, 2002 ; Karlsson et al., 2007 ; Lacher et Goldstein, 1997). Par ailleurs, de nombreuses populations locales sont considérées « à risque ». En effet, un environnement naturellement poussiéreux, un mode de vie plutôt extérieur, des habitations de type ouvert, l'implantation des industries et des habitations aux mêmes endroits, la rareté des équipements de protection disponibles pour les utilisateurs de produits dangereux, une proportion importante d'enfants et de femmes enceintes dans la population, le tout aggravé par un statut nutritionnel parfois déficient, sont autant de facteurs qui tendent à accroître l'exposition ou la susceptibilité de ces populations aux polluants environnementaux (N'riagu,

1992). En outre, il est encore fréquent que les rivières et plans d'eau en Afrique subsaharienne soient utilisés sans traitement pour la cuisine et l'eau de boisson. Enfin, l'installation de cultures maraîchères sur les sites de décharge (souvent plus riches en matières organiques) constitue un danger supplémentaire considérable (Agyarko et al., 2010 ; Odai et al., 2008).

Pour autant, il n'existe pas d'outil simple qui soit à la fois utilisable dans les conditions et avec les moyens correspondant à l'Afrique sub-saharienne, applicable d'un pays à un autre sans ajustement méthodologique majeur, et enfin, capable de fournir une image précise, tant qualitative (nature des contaminants) que quantitative (concentration relative), de la pollution locale. Les retombées de la mise au point d'un tel outil seraient potentiellement considérables. A titre d'exemple, son emploi pourrait autoriser le suivi, par les autorités des pays concernés, des conséquences de l'établissement de nouvelles activités industrielles (extraction ou raffinage du pétrole, mines, etc.), de la construction de nouvelles infrastructures routières, ou encore du développement de nouveaux sites d'exploitation agricole.

Il paraît essentiel d'envisager en premier lieu les polluants qui présentent les risques les plus considérables, c'est-à-dire ceux que peuvent absorber les êtres vivants. Pour conduire à ce résultat et traduire ainsi la pollution des zones humides en termes de biodisponibilité des contaminants environnementaux, le parti le plus pertinent correspond au choix d'un *animal-sentinelle*. La définition de ce terme est sujette à controverse. Historiquement ce dernier renvoie à une espèce très sensible à une pollution (dont la mort, par conséquent précoce, permet de donner l'alerte avant que les autres êtres vivants potentiellement exposés soient affectés). Toutefois, nous opterons pour la définition qu'en donne Beeby (2001). Selon cet auteur, une *espèce sentinelle* (ou *accumulatrice*) indique la part biodisponible des contaminants dans un écosystème par la concentration des polluants accumulés dans ses tissus. Il convient ainsi de distinguer la notion d'*espèce sentinelle* de celle d'*espèce indicatrice* (« *monitor species* » ou « *indicator species* » dans l'article original de Beeby évoqué précédemment) qui informe sur le niveau de la contamination environnementale par sa présence ou son absence, son abondance, ou encore par l'altération des caractéristiques physiologiques de ses représentants (voir par exemple les travaux de Lambert, 2005). Cette dernière démarche, si elle s'intéresse aux effets des contaminants environnementaux sur les individus et les populations, ne donne en aucun cas d'indication sur la nature des polluants en présence et la proportion biodisponible de chacun. En ce qui concerne le présent travail, il s'agit donc bien d'une *espèce sentinelle*.

Le choix de cette espèce doit s'effectuer en fonction d'un certain nombre d'exigences qui, toutes, s'avèrent indispensables à l'utilité pratique d'un tel outil. En premier lieu cet animal doit présenter de forts risques de constituer l'un des éléments les plus contaminés d'un réseau trophique. La bioaccumulation correspond à l'accumulation d'un contaminant dans un organisme particulier à partir de son environnement : il s'agit d'un processus largement dépendant de la durée d'exposition, et donc de l'âge ontogénique. La bioamplification décrit la concentration croissante d'un polluant aux divers niveaux, du plus basal vers le plus intégratif, d'une chaîne trophique. Considérant ces deux phénomènes, opter pour un super-prédateur longévive capable d'indiquer à la fois l'accumulation à long terme des polluants et la contamination des réseaux trophiques à un niveau élevé, s'impose d'évidence. L'utilisation d'un super-prédateur peut notamment renseigner sur les risques toxicologiques auxquels les populations humaines sont susceptibles d'être exposées, notamment si son régime alimentaire est suffisamment varié pour donner une idée synthétique de la pollution locale. Il est par ailleurs nécessaire que cet animal soit sédentaire et vive sur un territoire de surface peu importante, afin que l'information écotoxicologique se rapporte à une zone précise et de taille réduite. Il doit être ubiquiste afin que son utilisation à large échelle permette des comparaisons régionales. Il est indispensable en outre que les effectifs de ses populations soient suffisamment importants pour permettre des prélèvements sans risque pour la conservation de l'espèce. Enfin, puisqu'il s'agit ici d'aborder la question de la pollution des zones humides, ce super-prédateur doit évidemment présenter un mode de vie amphibie et s'alimenter dans le milieu aquatique ou aux abords immédiats de celui-ci.

Considérant l'ensemble de ces critères, l'espèce qui vient le plus naturellement à l'esprit est le crocodile du Nil (*Crocodylus niloticus*). Chez les crocodiliens, les études écotoxicologiques les plus nombreuses portent sur l'alligator du Mississipi. Depuis le milieu des années 1990, un important effort de recherche a été consacré aux perturbations endocriniennes d'origine environnementale qui affectent les populations de cette espèce (voir entre autres Crain et al., 1997 ; Guillette et al., 2000 ; Milnes et al., 2005). D'autres travaux ont permis, par ailleurs, le dosage de métaux ou de polluants organiques dans les tissus de nombreuses autres espèces de crocodiliens, notamment *Crocodylus porosus, C. acutus, C. moreletii, Caiman sp.* et *Paleosuchus sp.* En ce qui concerne les crocodiles africains, l'essentiel du travail a été conduit sur des crocodiles du Nil provenant de sites d'Afrique orientale et australe : Botswana, Zambie, Zimbabwe, Kenya (Campbell, 2003). Dans le contexte actuel, ces études font figure d'investigations pionnières, mais il n'est nullement envisageable qu'elles puissent être généralisées et que l'utilisation des crocodiliens comme espèce sentinelle devienne routinière. Bien que *Crocodylus niloticus* ne soit plus menacé d'extinction à un échelon global (l'IUCN le classe aujourd'hui dans le groupe « *Lower risk /*

Least concern », IUCN, 2010a), de nombreuses populations locales de l'espèce sont toujours en situation critique. L'espèce est classée en annexe I/w de la CITES (*Convention on the International Trade in Endagered Species*) dans les pays d'Afrique occidentale et centrale (CITES, 2011), ce qui signifie que les mouvements transfrontaliers de tout ou partie du corps de spécimens sauvages sont strictement réglementés. De plus, travailler avec des crocodiles du Nil implique une organisation logistique et une prise en compte des risques très contraignantes et parfois difficiles à mettre en œuvre sur le terrain. En conséquence, l'utilisation du crocodile du Nil comme espèce sentinelle pour le suivi de la contamination des zones humides d'Afrique ne s'avère aujourd'hui ni réaliste, ni souhaitable.

La seconde espèce envisageable comme espèce sentinelle est le varan du Nil (*Varanus niloticus*) qui semble bien répondre, point par point, aux exigences du cahier des charges énumérées ci-dessus.

Le dosage de différentes substances polluantes a déjà été réalisé à partir de tissus de varanidés en diverses régions du monde. Ces études n'avaient pas pour objet la compréhension des modalités d'accumulation des contaminants dans l'organisme des varans, et ne témoignaient pas clairement d'une démarche visant à utiliser l'animal comme espèce sentinelle, à l'exception de celle de Berny et al. (2006). Best (1973) a, pour la première fois, recherché des pesticides organochlorés (DDT, DDE, DDD, aldrine, dieldrine, endrine, HCB, lindane) dans la graisse abdominale de perenties (*Varanus giganteus*) et de varans de Gould (*V. gouldii*) capturés en Australie, soit sur des zones reculées peu affectée par le développement anthropique, soit sur des zones développées, autour de villes importantes. Les varans capturés (quatre individus seulement) présentaient des niveaux de pesticides organochlorés bas mais apparemment différents d'une zone à l'autre. Ce résultat mettait déjà en lumière le potentiel de ces animaux en tant qu'espèces sentinelles. Yoshinaga et al. (1992) ont abordé la question de la bioamplification de divers éléments en étudiant la corrélation entre les concentrations de ces éléments dans de nombreuses espèces animales de Papouasie-Nouvelle-Guinée et le niveau trophique de celles-ci. Le muscle de varan (d'espèce non précisée) ne contenait que des doses infinitésimales des éléments potentiellement dangereux. Lance (1995) s'est, lui, intéressé aux concentrations plasmatiques de zinc sur un grand nombre de taxons de reptiles. Des dosages ont notamment été réalisés sur 8 espèces de varans (*V. salvadori*, *V. acanthurus*, *V. exanthematicus*, *V. grayi*, *V. prasinus*, *V. albigularis*, *V. indicus* et *V. komodoensis*). Les résultats étaient globalement cohérents avec les valeurs de la concentration plasmatique en zinc chez les tortues et les serpents inclus dans la même étude. Plus récemment, afin de déterminer des valeurs de référence pour le Vietnam, Boman et al. (2001) ont recherché dans un large échantillon (réunissant 17 espèces animales de ce pays) 13 métaux et métalloïdes, dont le plomb. Les dosages ont été réalisés dans divers tissus : muscle, foie, testicules, et œufs, mais pas pour la totalité des 13 éléments. Des niveaux de plomb étonnamment élevés (14 $\mu g.g^{-1}$ de matière fraîche) ont été quantifiés dans les muscles (musculature épiaxiale ou membres pelviens) d'individus de *V. salvator* qui se comportaient normalement et étaient visiblement en bonne santé. Les auteurs ont souligné l'importante variabilité des résultats entre, d'une part, les espèces étudiées, et d'autre part, les tissus d'un même individu. En 2006, Berny et al. ont pour la première fois utilisé la graisse abdominale de varans du Nil capturés au Tchad pour évaluer la contamination environnementale par 10 composés organochlorés (HCB, HCHα, HCHβ, HCHγ [lindane], heptachlor, aldrine/dieldrine, DDT total, endrine, chlordane et endosulfan). Ce travail a conduit à la conclusion que le varan du Nil était utilisable pour détecter une différence de contamination environnementale entre deux régions, même si celle-ci est minime. Il a attiré l'attention sur le fait que les mâles et les femelles pouvaient accumuler de façon différentielle certains polluants environnementaux, a confirmé que la variabilité interindividuelle était considérable, et a posé les bases de l'utilisation du varan du Nil comme espèce sentinelle en exposant déjà ses principales caractéristiques.

Des études sur la contamination des tissus ont été conduites chez d'autres espèces de squamates (voir les articles de synthèse de Campbell et Campbell de 2000 et 2001, sur les lézards et les serpents, respectivement), mais elles présentaient l'inconvénient majeur de ne pas concerner des prédateurs situés à l'apex des chaînes alimentaires ; les animaux impliqués risquaient ainsi fortement de ne pas traduire la contamination maximale de celles-ci.

L'utilisation du varan du Nil en tant qu'espèce sentinelle apparaît d'autant plus pertinente que ce reptile figure parmi les espèces de faune sauvage les plus régulièrement consommées par l'homme dans toute l'Afrique sub-saharienne (Buffrénil, 1993 ; Buffrénil et al., 1994 ; Buffrénil et Hémery, 2002, 2007a, b). Si les risques biologiques associés à la consommation de viande de brousse ont déjà été étudiés (Magnino et al., 2009), très peu de choses sont connues sur sa charge toxicologique. Les caractéristiques biologiques et écologiques du varan du Nil, de même que l'exploitation qu'il subit, l'état de ses populations et le niveau de protection dont il bénéficie, sont décrits plus en détail dans les chapitres suivants.

OBJECTIFS

Le but de ce travail est de déterminer la valeur de *Varanus niloticus* en tant qu'espèce sentinelle généraliste pour l'évaluation de la contamination environnementale dans les zones humides d'Afrique sub-saharienne. On s'attachera ici à préciser dans quelle mesure cette espèce peut être employée pour caractériser la pollution par certains métaux et certains pesticides.

A cette fin, nous formulons les hypothèses suivantes :

- Le varan du Nil peut renfermer dans ses tissus, à des concentrations variables, une grande diversité de polluants présents dans son environnement ;

- Le varan du Nil n'est pas sévèrement affecté, au niveau individuel, par l'exposition aux polluants présents dans son environnement (et notamment dans son alimentation), même à très fortes doses ;

- Le varan du Nil est capable de bioaccumuler les polluants environnementaux ; par conséquent, certains traits d'histoire de vie, notamment l'âge individuel, peuvent avoir une influence sur les concentrations des polluants observés ;

- La capacité des divers tissus des varans à accumuler les polluants est inégale. Pour chacune des substances recherchées, il est donc probable qu'un tissu particulier – qui devra être désigné parmi les tissus-cibles – présentera plus d'avantages que les autres pour les dosages ;

- Les dosages de polluants dans les tissus du varan du Nil peuvent révéler les différences de contamination environnementale qui existeraient entre plusieurs sites, même faiblement contaminés.

Afin d'évaluer les hypothèses présentées ci-dessus, la démarche suivante a été adoptée. Nous avons choisi de concentrer l'effort de travail sur deux grands groupes de contaminants environnementaux : les métaux et les pesticides. Parmi ces groupes, nous nous sommes intéressés à deux métaux, le plomb et le cadmium, et à une large gamme de pesticides appartenant à deux grandes familles : les organochlorés et les organophosphorés. Par ailleurs, dans le but d'apprécier la finesse de discrimination des dosages réalisés dans les tissus des varans, nous avons effectué des prélèvements d'animaux dans plusieurs régions, dont les profils de contamination étaient supposés différents.

Dans le but de préciser le schéma d'accumulation des polluants dans l'organisme des varans, nous avons prélevé un nombre important de tissus. De plus, pour avoir un aperçu de l'influence des traits d'histoire de vie des varans du Nil sur les modalités de leur contamination et le niveau de celle-ci, des individus présentant des caractéristiques individuelles différentes (en premier lieu, sexe et taille) ont été inclus dans l'échantillon.

Les résultats des travaux menés sur les varans du Nil prélevés dans le milieu naturel ont levé un certain nombre d'interrogations. Pour y répondre, une étude complémentaire a été mise en œuvre en conditions contrôlées. Cette étude expérimentale a impliqué une autre espèce de varan, le varan de savane (*V. exanthematicus*). La situation idéale nous eût été de disposer d'un lot satisfaisant de varans du Nil. Cette situation ne s'est pas présentée, et la décision de travailler avec une espèce différente, avec toutes les précautions qu'exige la transposition de résultats d'une espèce à une autre, a tout de même été prise. Les varans captifs ont été exposés par voie alimentaire à un mélange de trois substances : un métal, le plomb, et deux pesticides, le DDT (un organochloré) et le chlorpyrifos-éthyle (ou CPF, un organophosphoré). On s'est attaché à vérifier si les varans de savane absorbaient et accumulaient les contaminants évoqués ci-avant et s'ils pouvaient survivre aux doses administrées. Par ailleurs, l'effort a aussi porté sur la recherche de tissus qui pourraient faire office d'indicateurs de la contamination de l'organisme sans que leur prélèvement implique la mort des animaux. Ces tissus ont été appelés dans la suite de ce manuscrit *indices non destructeurs* (ou IND). Enfin, nous avons cherché à savoir si la répartition des polluants dans l'organisme des varans était la même lorsqu'ils sont exposés à des quantités modérées ou importantes de contaminants.

MATERIELS ET METHODES

GENERALITES SUR LES VARANS

Systématique – Les varans sont des lézards. Ainsi, et pour se placer du point de vue de la systématique, ce sont, comme les mammifères, des amniotes. Mais la présence d'une quille ventrale sous les vertèbres (l'hypapophyse), l'existence de muscles striés dans l'iris et le fait qu'ils produisent de l'acide ornithurique, les situent (avec les chéloniens, les archosauriens et les autres lépidosauriens) dans la classe des sauropsides. Au sein de la sous-classe des diapsides (qui présentent deux fosses temporales et une grande fenêtre sous-orbitaire à ouverture palatale, entre autres caractères dérivés propres), ils diffèrent des oiseaux et des crocodiliens (seuls représentants actuels des archosauriens) par la fusion de l'astragale et du calcanéum, et la disparition de l'os central et des tarsiens distaux 1 et 5, ce qui les place dans l'infra-classe des lépidosauriens. Ce taxon est représenté aujourd'hui par le genre sphénodon (seul représentant actuel des Rhynchocéphales), et par les squamates (lézards et serpents) qui se caractérisent, d'une part, par l'ouverture vers le bas de la fosse temporale inférieure (disparition de la barre jugal-quadratojugal) et, d'autre part, par la mobilité de l'os carré sur lequel vient s'articuler la mandibule. Les varans appartiennent à la grande subdivision des scléroglosses (par opposition aux iguanes), au groupe des autarchoglosses (par opposition aux geckos *sensu lato*), aux anguimorphes (par opposition aux lézards « classiques » que sont les *Lacertoidea* et les *Scincoidea*) et forment finalement, avec leurs proches parents les hélodermes, les lanthanotidés et les serpents, la superfamille des *Varanoidea* (voir le cladogramme des Squamata, Figure 1).

Le mot *reptile* ne recouvrant pas un groupe naturel (mais paraphylétique), c'est le terme *sauropside* qui devrait en toute rigueur être employé. Ce dernier représente l'ensemble des amniotes, à l'exception des mammifères. Autrement dit, il regroupe les taxons que l'on place traditionnellement sous le vocable de *reptile* (tortues, lézards et serpents, sphénodons, et crocodiliens), plus les *oiseaux*. Le fait que le terme *reptile* exclue les oiseaux lui confère une utilité pratique indéniable ; par conséquent, son emploi sera parfois maintenu dans ce manuscrit (Lecointre et Le Guyader, 2007).

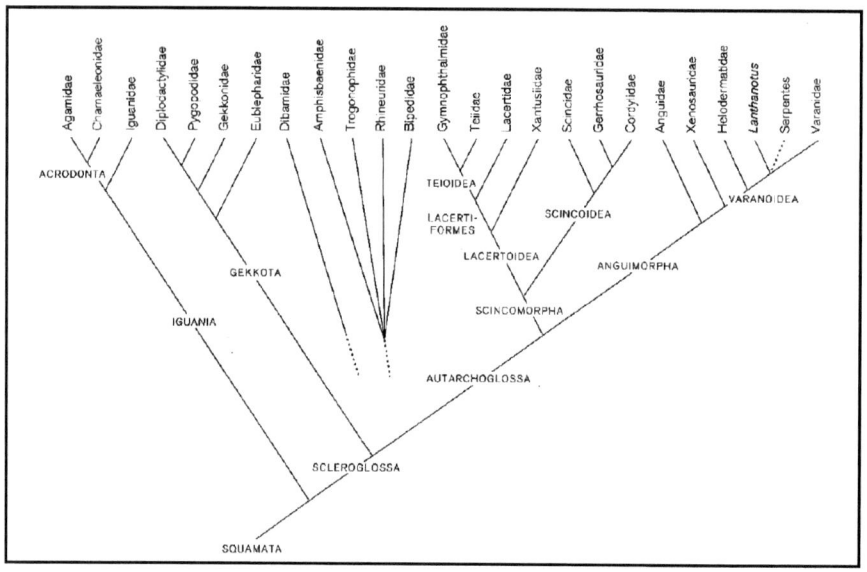

Figure 1 : Cladogramme des Squamata

Biogéographie et présentation des varanidés – Les Varanidae apparaissent à la fin du mésozoïque (vers 70 MA) en Laurasie, pour se répandre au Tertiaire en Afrique et en Océanie (Molnar et Pianka, 2004). Le plus ancien fossile attribuable avec certitude au genre *Varanus* (espèce non nommée) date de l'Éocène supérieur (37 MA) ; à cette époque le genre est déjà établi en Afrique dans la région du Fayoum, en Egypte (Holmes et al., 2010 ; Smith et al., 2008). Tous varanidés actuels appartiennent au genre *Varanus*, qui représente un clade, c'est à dire un groupe d'organismes constitué d'un ancêtre et de tous ses descendants

(Vitt et Caldwell, 2009). Le groupe comprend 73 espèces reconnues et 21 sous-espèces (Koch et al., 2010 ; Böhme, 2003 ; Pianka et King, 2004) inégalement réparties en nombre de représentants entre l'Afrique, le Moyen-Orient, l'Asie et l'Océanie. (Böhme, 2003 ; Bayless, 2002). Les espèces actuelles de varans se répartissent en trois radiations phylogénétiquement cohérentes : les radiations africaine, asiatique et australienne (voir la carte de l'aire de répartition du genre *Varanus*, Figure 2). La radiation africaine (Figure 3 a à e) est supposée basale et forme le groupe frère de tous les autres varans actuels. Elle regroupe non seulement tous les varans strictement africains (cinq espèces dont le varan du Nil), mais aussi *V. yemenensis*, du Yémen, espèce considérée comme proche de *V. albigularis*, le varan de savane de l'est africain.

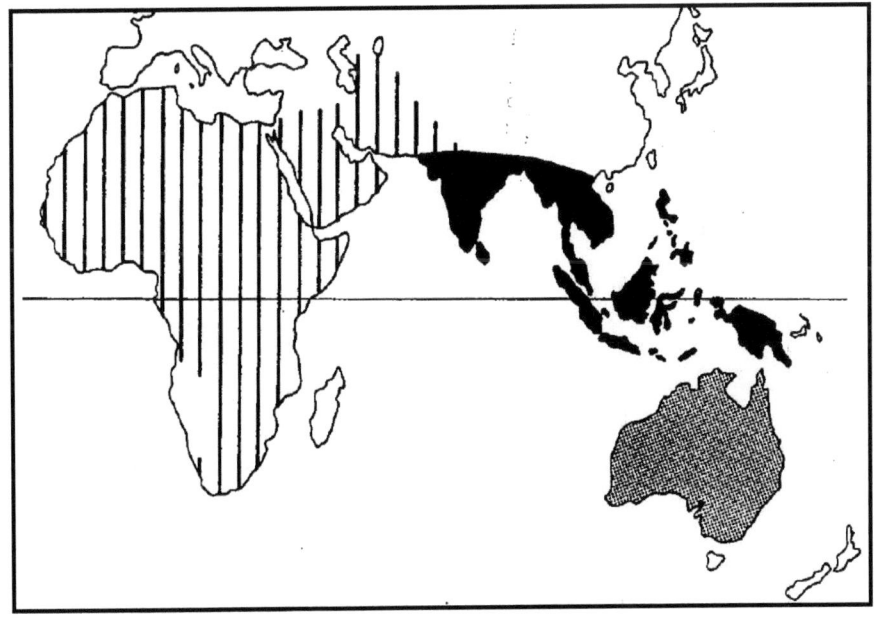

Figure 2 : Aire de répartition du genre Varanus

(Hachures : radiation africaine ; Noir : radiation asiatique ; Grisé : radiation australienne)

Figure 3 : Les varans africains (V. niloticus n'est pas présenté sur ces clichés). a : V. yemenensis ; b : V. albigularis ; c : V. griseus ; d : V. ornatus ; e : jeune V. exanthematicus. NB : V. yemenensis ne fait pas partie de la radiation africaine

Morphologie et taille – Au-delà de spectaculaires différences de taille, les varanidés présentent une homogénéité morphologique évidente. Ce sont des quadrupèdes au corps allongé et fusiforme, avec une queue puissante de longueur approximativement égale à celle du corps et des membres robustes, munis de griffes acérées utilisées pour fouir ou grimper. La marche s'effectue avec le corps dressé au dessus du sol, bien que les membres soient transversaux. La langue des varans est bifide et protractile ; elle assure des fonctions olfactives et gustatives (Buffrénil, 1998 ; King et Green, 1993) (voir Figure 4 a à d).

Figure 4 : Attributs physiques des varans. a : la queue représente au moins la moitié du corps (jeune V. albigularis) ; b : marche dressée chez V. komodoensis ;
c : les griffes sont puissantes et acérées ; d : langue bifide et protractile)

Les varanidés actuels présentent une grande variété de masse corporelle et de taille. La plus petite espèce, *V. brevicauda*, n'excède pas 23 cm, queue comprise, pour une masse de 17 g (Pianka, 1970, 2004) ; la plus grande, *V. komodoensis*, peut atteindre 300 cm pour une masse de 130 kg (Auffenberg, 1981 ; Ciofi, 2004 ; Ciofi et de Boer, 2004). Certains représentants de *V. salvadorii* seraient de taille supérieure, mais d'un gabarit plus gracile (Horn, 2004). Les archives fossiles témoignent de l'existence en Australie d'une espèce étroitement apparentée au varan de Komodo, *V. priscus*, dont certains individus dépassaient 7 mètres (Erickson et al., 2003 ; Molnar et Pianka, 2004). De tels animaux sont parfois représentés dans l'art aborigène. La croissance des varans est potentiellement continue, du moins chez les grandes espèces (Buffrénil et al., 2005) (voir Figure 5).

Figure 5 : La taille des varans est extrêmement variable.
a : V. brevicauda ; b : V. salvadorii ; c : V. komodoensis

Ecologie – Le mode de vie et l'habitat des varans diffèrent grandement entre les espèces. Si de nombreuses formes sont essentiellement terrestres, la plupart sont également arboricoles (notamment les juvéniles) ; d'autres semi-aquatiques, ou encore saxicoles. Les varanidés sont présents dans une grande variété de milieux allant des déserts, steppes et savanes, jusqu'aux forêts équatoriales denses, aux mangroves et aux zones humides continentales. Au-delà de certaines spécialisations, les varans conservent une grande plasticité écologique (Pianka et King, 2004) (voir Figure 6).

Figure 6 : Les modes de vie des varans sont très variés, arboricoles (a), saxicoles (b), aquatiques (c et d)

Ce sont des animaux actifs capables de courir, sauter, grimper, nager, creuser. Ils sont ectothermes et poïkilothermes : leur température corporelle dépend de celle du milieu environnant et varie sur un mode cyclique. Dans les zones où la température de la nuit est inférieure à celle du jour, une phase de réchauffement par exposition au rayonnement solaire, est nécessaire en début de journée, avant la reprise d'activité. Sa durée est variable. La masse corporelle des individus a une influence sur l'inertie thermique du corps. Les varans sont des animaux très actifs dès lors qu'ils ont la possibilité d'élever suffisamment leur température corporelle (jusqu'à 41,6°C chez *V. griseus* ; *cf.* King et Green, 1993).

Ces lézards arpentent leur territoire pendant la journée à la recherche de nourriture, et n'hésitent pas à approcher les zones habitées par l'homme pour tirer parti des ressources rendues disponibles par les activités de celui-ci. La très grande majorité des espèces de varans sont strictement carnivores et peuvent manger toute proie que leur taille leur permet d'ingérer. Les œufs (d'oiseaux, de crocodiles, de tortues et d'autres squamates) sont particulièrement appréciés (King et Green, 1993 ; Pianka et King, 2004). Les charognes font également partie de leur régime alimentaire (Bartlett et Bartlett, 1996), notamment, chez les espèces sahéliennes, quand les proies se font plus rares lors de la saison sèche. Même si les varans sont opportunistes, la proportion des différents éléments du régime alimentaire varie en fonction de l'âge et de l'espèce en plus de la saison (King et Green, 1993). A ce jour deux espèces seulement ont été décrites comme occasionnellement frugivores : *V. olivaceus* et *V. mabitang*, aux Philippines (Gaulke, 2004 ; Pianka, 2004 ; Reyes et al., 2008).

Les varans sont ovipares : ils déposent leurs œufs dans des trous creusés à même le sol (comblés après la ponte), dans des cavités naturelles, ou encore dans des termitières. La taille des pontes varie d'une espèce à l'autre et dépend de la taille de la femelle et de l'amplitude des différences saisonnières locales (Buffrénil et Rimblot-Baly, 1999 ; King et Green, 1993). Chez les varans qui vivent dans des environnements à forte saisonnalité (cas du Sahel), la ponte, composées d'œufs petits mais nombreux, a lieu une fois par an. A l'inverse, les espèces qui vivent dans des environnements plus constants (forestiers par exemple) pondent plusieurs fois par an, mais leurs œufs sont moins nombreux et de taille plus importante. (*cf.* Gaulke et Horn, 2004 pour *V. salvator* et Buffrénil et Rimblot-Baly, 1999 pour *V. niloticus*).

CARACTERISTIQUES SPECIFIQUES DU VARAN DU NIL

Systématique et biogéographie – Cette espèce fait partie de la radiation africaine et, avec *V. ornatus*, *V. exanthematicus*, *V. albigularis* et *V. yemenensis*, il compose le sous-genre Polydaedalus dont il est le représentant le plus largement répandu en Afrique (Böhme, 2003, Bayless, 2002). Son aire de répartition historique s'étend sur l'ensemble du territoire africain à l'exception de quatre régions : une zone située grossièrement au nord du 17e parallèle et à l'ouest du Nil, l'extrémité orientale de la péninsule somalienne, les déserts de Namibie, du Botswana et d'Afrique du Sud, enfin, la forêt tropicale humide d'Afrique centrale et occidentale, où il est remplacé par l'espèce vicariante *V. ornatus* (voir Figure 7).

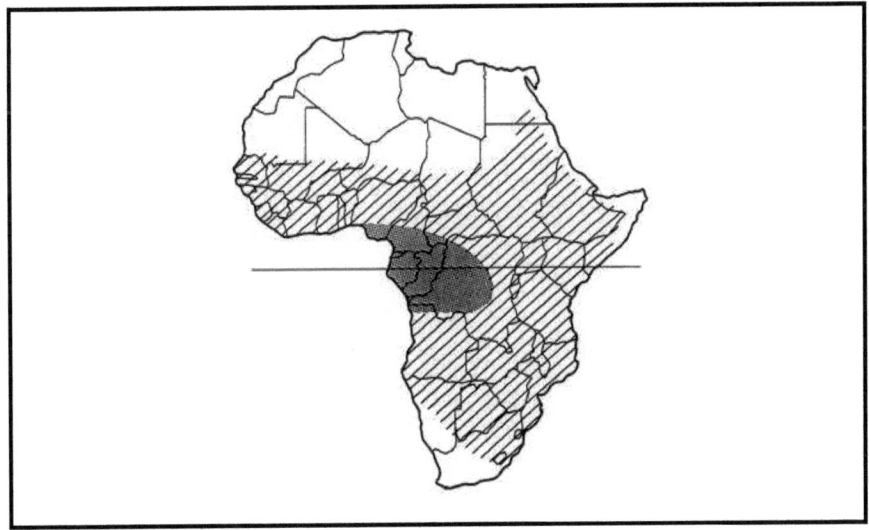

Figure 7 : Aires de répartition de *V. niloticus (hachures)* et de *V. exanthematicus (grisé)*

Toutefois dans certaines zones, les derniers rapports d'observations de varans du Nil peuvent être très anciens (cas de la partie nord de la vallée du Nil) (Buffrénil, 1998 ; Bayless, 2002 ; Lenz, 2004). La présence de populations de varans du Nil dans les oasis du nord-Niger a été signalée. Cette très large distribution constitue un atout majeur pour l'utilisation de l'espèce en tant que sentinelle, dans la mesure où elle autorise la perspective de prélèvements comparatifs entre zones éloignées.

Morphologie et taille – *V. niloticus* est un lézard au corps élancé dont la coloration de fond varie du gris-brun au vert-olive, avec des rangées d'ocelles jaune clair sur le dos et des raies sur les membres, la tête et la queue. Les rangées d'ocelles sont au nombre de six au minimum, alors que *V. ornatus*, très proche en apparence, en possède cinq au plus. La partie ventrale est plus claire. Les jeunes sont en général plus vivement colorés. La peau est recouverte de petites écailles de forme ovale sur la tête, le dos et les flancs, et plus ou moins rectangulaire sur la partie ventrale. Leur nombre varie de 136 à 183 par rangée transversale au milieu du corps. La queue du varan du Nil est relativement longue : 1,5 fois environ la longueur museau-cloaque. Elle présente un aplatissement latéral caractéristique dont résulte une crête dorsale dans sa moitié distale. Il s'agit d'une adaptation morphologique facilitant les déplacements dans l'eau (Buffrénil, 1998 ; Lenz, 2004). L'espèce est facilement reconnaissable et, si l'on prend garde au nombre de rangées dorsales d'ocelles, la confusion avec une autre espèce est impossible (voir Figure 8 pour l'apparence générale de *V. niloticus*, et Figure 9 pour sa morphologie détaillée).

Figure 8 : Apparence générale de V. niloticus

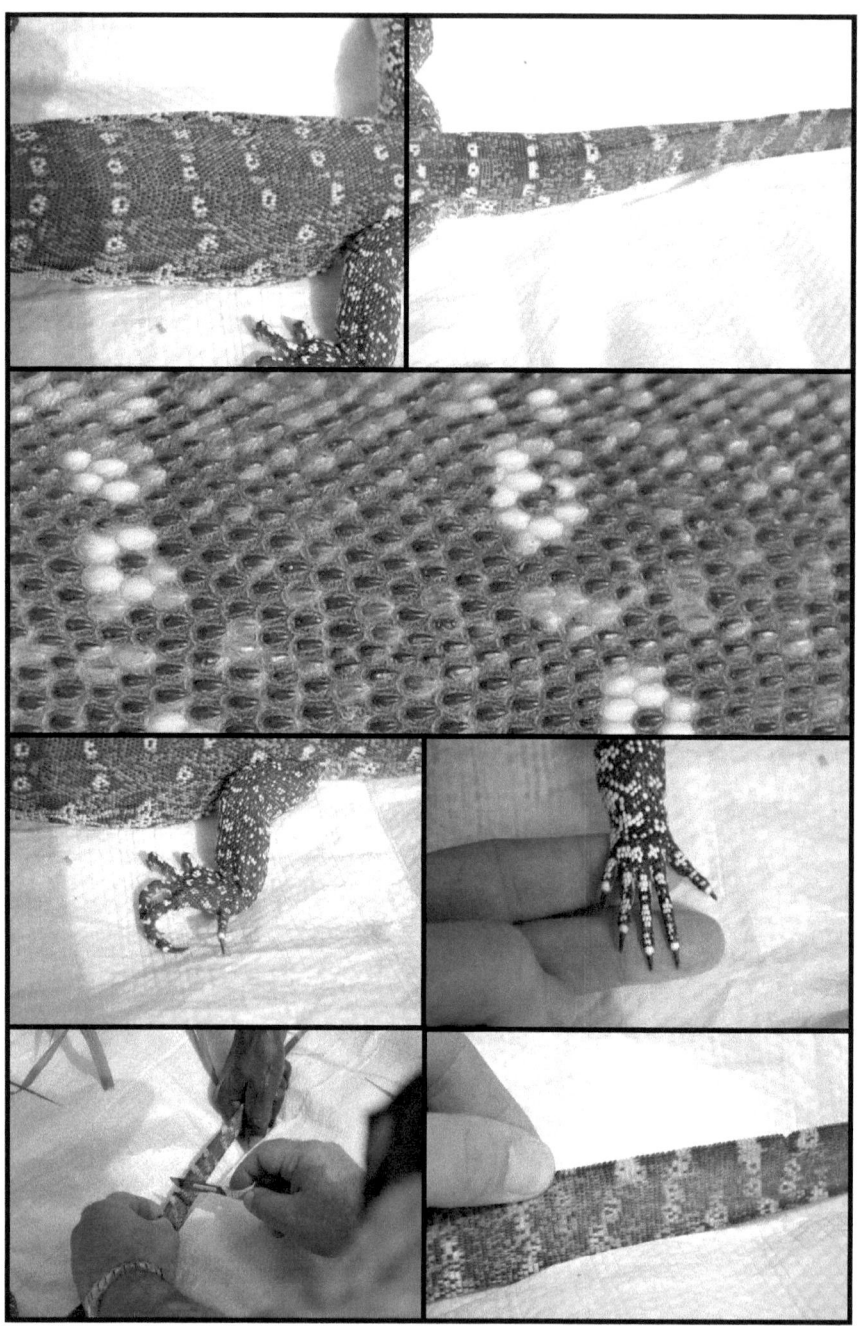

Figure 9 : Rangées d'ocelles dorsales, membres, queue et crête caudale de V. niloticus (marquage individuel possible en réalisant une encoche dans cette dernière)

Le varan du Nil peut atteindre une taille considérable : un individu de 242 cm de longueur totale pour 30 kg a été capturé en Afrique du Sud (Haacke, 1995). Les travaux de Buffrénil et al. (1994), sur des individus du Lac Tchad, ont montré que, dans cette population, les mâles atteignent leur longueur asymptotique (207 cm) vers l'âge de 9 ans et les femelles (155 cm) vers 6 ans. Les mâles adultes sont donc plus grands que les femelles de 30% environ. La pression d'exploitation par l'homme peut cependant modifier ces caractéristiques (Buffrénil et Hémery, 2002 ; Buffrénil et Hémery, 2007a, b). Il n'existe pas de dimorphisme sexuel évident portant sur la forme ou les proportions du corps. La grande taille de *V. niloticus* est un avantage non négligeable : elle permet en effet le prélèvement de quantités importantes de tissus pour procéder à de nombreuses analyses.

Mode de vie et habitat – Le varan du Nil est amphibie. On le trouve dans tous les sites où l'eau est présente au moins saisonnièrement : lacs, mares, marécages, marigots, fleuves, etc. Il se rencontre également en eau saumâtre, dans les mangroves côtières. Cette ubiquité rend possible son utilisation en tant qu'espèce sentinelle dans tous les types de zones humides continentales. L'espèce est écologiquement très représentative de ces zones car elle est rarement présente à plus d'une centaine de mètres de l'eau (Lenz, 2004).

Régime alimentaire – Le varan du Nil est un carnivore strict, opportuniste, qui s'alimente aussi bien sur les berges que dans l'eau. L'exposition aux contaminants à laquelle il est soumis se rapporte donc à l'ensemble de la zone humide où il évolue, non pas seulement à l'un de ses compartiments. Son régime alimentaire est initialement constitué d'arthropodes, d'annélides, de mollusques et d'amphibiens, mais à mesure qu'il grandit, d'autres proies sont ajoutées progressivement, telles que poissons, autres reptiles, oiseaux et petits mammifères. Comme de nombreux autres varans, *V. niloticus* ajoute à son régime alimentaire des œufs et occasionnellement des charognes. Par ailleurs, des cas de cannibalisme ont été rapportés (Bennett, 2002 ; Cissé, 1972 ; Cowles, 1936 ; Lenz, 1994, 1995 ; Luiselli, 1999). Le varan du Nil ingère ses proies en entier. Cette caractéristique est particulièrement intéressante dans le cas présent car les contaminants contenus dans toutes les parties du corps des proies, os et coquilles compris, sont avalés. Par ailleurs, ce régime alimentaire particulièrement éclectique présente l'avantage majeur de permettre l'intégration par le varan de tous les polluants accumulés aux divers échelons des réseaux trophiques. La position de superprédateur généraliste qu'occupe le varan du Nil en fait donc un candidat de choix à la bioamplification. La durée de vie de cet animal dans la nature est voisine de dix ans (elle varie selon la pression de chasse locale : Buffrénil et al., 1994; Buffrénil et Hémery, 2002). Proportionnellement à sa taille et à sa masse, le varan du Nil consomme nettement plus de nourriture que les autres prédateurs d'eau douce, comme les crocodiles par exemple (Luiselli, 1999 ; Thompson, 1999). Ainsi, en plus de la bioamplification, cette espèce est susceptible réaliser une bioaccumulation importante.

Territoire – Bien que très actifs, les varans du Nil sont sédentaires. Les territoires des adultes dépassent rarement les cinq hectares (Lenz 1995, 2004). L'information toxicologique déterminée à partir d'un individu donné se rapporte donc à un secteur bien délimité et de surface modeste. Cette résolution spatiale très fine représente un atout précieux pour ce type d'outil.

Tissu osseux – L'un des attributs les plus notables du varan du Nil réside dans les modalités de la croissance des corticales de ses os longs (la Figure 10 illustre ce processus) : les couches d'os à fibres parallèles déposées par le périoste au cours du développement ne subissent aucun remaniement haversien ni aucune résorption interne significative. La seule activité de

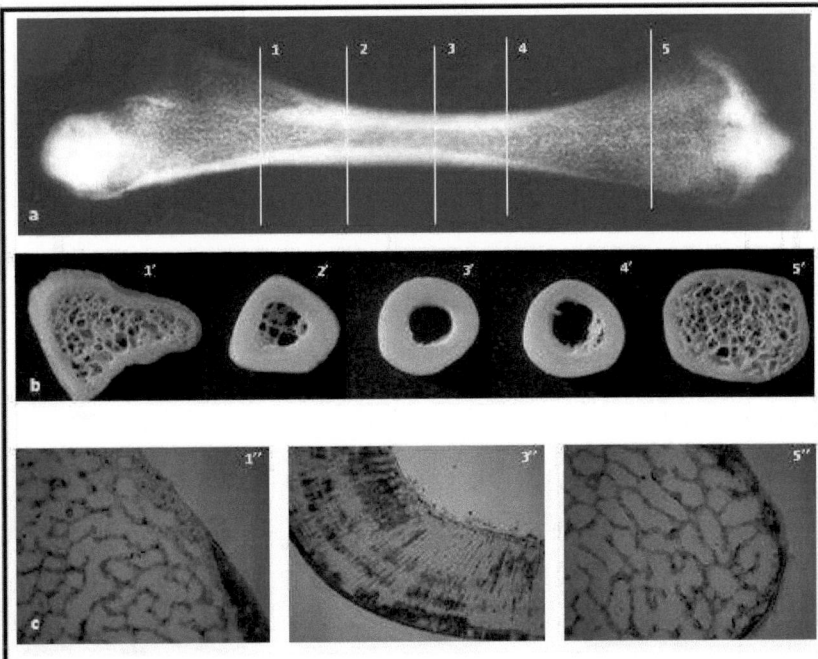

a : Présentation de l'emplacement de cinq niveaux de coupe (1, 2, 3, 4, 5) sur un cliché radiographique d'un fémur de Varan du Nil.

b et c : La zone centrale de la diaphyse (3') correspond à une structure simple d'os compact pseudolamellaire formé par dépôt circonférentiel périostéal. Cette structure ne subit aucune résorption intra-corticale. Le système circulatoire intra-cortical (d'orientation radiale ici) est visible sur le cliché c3''. La structure se complique au fur et à mesure que l'on s'approche des épiphyses. On distingue sur le cliché b4' l'apparition des premières travées osseuses distales, qui deviennent de plus en plus abondantes et finissent par occuper toute la cavité médullaire (b5'). La partie externe de l'os au niveau métaphysaire n'est plus constituée que d'une fine couche d'os compact (c5''), à laquelle s'ajoute une couche d'os d'origine endostéale. La même évolution se produit en direction de l'épiphyse proximale (b2' puis b1'). Le cliché b1' correspond à une zone de la métaphyse où le cortex demeure encore relativement épais. Cette zone est le siège d'une activité de remodelage séquentiel de croissance qui peut conduire à des structures complexes (c1''), répondant aux contraintes statiques et dynamiques auxquelles l'os est soumis. C'est ce que l'on peut distinguer sur le cliché c1'', où la partie externe de l'os est constituée dans la partie inférieure droite de l'image par de l'os compact en couche épaisse, ou bien, ailleurs, d'os de composition comparable à celle des travées, fonctionnellement modifié. En c3'', les flèches désignent l'activité de résorption périmédullaire de surface qui se produit dans la région diaphysaire et qui élargit la cavité médullaire au dépens des couches corticales profondes au cours de la croissance. Le tissu osseux n'est pas renouvelé par remaniement à l'intérieur des corticales.

Figure 10 : *Organisation et croissance du fémur de varan du Nil*

résorption qui se produit dans la région diaphysaire est une érosion périmédullaire de surface qui élargit la cavité médullaire au dépens des couches corticales profondes au cours de la croissance. Ce processus est peu prononcé dans la fibula (Buffrénil et Castanet, 2000 ; Buffrénil et Francillon-Vieillot, 2001 ; Francillon-Vieillot et al., 1990). Ainsi, le tissu osseux n'est pas renouvelé par le remaniement interne des corticales. Il constitue donc une excellente archive de l'exposition des varans aux contaminants ostéotropes, tels le plomb, car les polluants accumulés au cours de la vie des individus restent en place et sont peu susceptibles d'être remis en circulation.

Quiescence – Par ailleurs, il est important de noter que les varans du Nil de la région sahélienne sont soumis à une alternance de saisons marquée. En conséquence, ils connaissent chaque année une phase de quiescence de plusieurs semaines à partir du milieu de la saison sèche, lorsque la température diminue et que les plans d'eau sont taris (Cissé, 1973). Durant la quiescence, l'activité des animaux est fortement réduite ; ils cessent presque totalement de s'alimenter, ne subsistant que grâce à leurs réserves de graisse. Leur croissance est alors très faible, ce qui laisse dans leurs os une marque caractéristique, dite ligne d'arrêt de croissance, de périodicité annuelle. Le dénombrement, sur des coupes d'os, des lignes accumulées au fil des années donne l'âge des individus (technique squelettochronologique, Buffrénil et Castanet, 2000). Cette information peut s'avérer capitale pour étudier l'accumulation des polluants dans les os des varans en fonction du temps.

Statut réglementaire – Enfin, le varan du Nil est une espèce exploitée pour sa chair et/ou pour son cuir sur la majeure partie de son aire de répartition (Buffrénil, 1992, 1993, 1998 ; Buffrénil et Hémery, 2002, 2007a, b). Ainsi, il est possible d'obtenir des spécimens en collaborant avec les pêcheurs ou les chasseurs qui les exploitent. En dépit de cette exploitation, les populations de *V. niloticus* restent abondantes en Afrique sub-saharienne. L'espèce n'est pas inscrite au « Livre Rouge des Espèces Menacées » de l'IUCN (IUCN, 2010b), et est classé en annexe II de la CITES (CITES, 2011), ce qui signifie que les mouvements commerciaux transfrontaliers de cette espèce sont autorisés, sous conditions toutefois (voir article IV de la convention, http://www.cites.org/fra/disc/text.shtml#IV).

Comme il a été dit précédemment, le varan du Nil est très largement exploité par les populations rurales et le commerce international ne correspond qu'à une faible proportion des animaux qui sont tués en Afrique chaque année.

SITES DE CAPTURE

Les varans impliqués dans ce travail proviennent de quatre zones :

- 1/ Une zone agricole potentiellement affectée par une contamination environnementale considérable due à des stocks de pesticides obsolètes, et sur laquelle, par ailleurs, une utilisation conventionnelle de pesticides a lieu : les localités adjacentes de Niono et Molodo, au Mali ;

- 2/ Une zone agricole dépourvue de stock de pesticides à risque mais néanmoins soumise à une utilisation conventionnelle de produits phytosanitaires : la région de Diffa au Niger ;

- 3/ Une zone urbaine potentiellement affectée par une large gamme de polluants, dont des métaux et éventuellement des polluants d'origine agricole : la ville de Niamey, capitale du Niger ;

- 4/ Un site témoin supposé exempt de toute source de pollution notable : le site de Flabougou, au Mali.

La localisation de ces quatre zones est présentée à la figure 11.

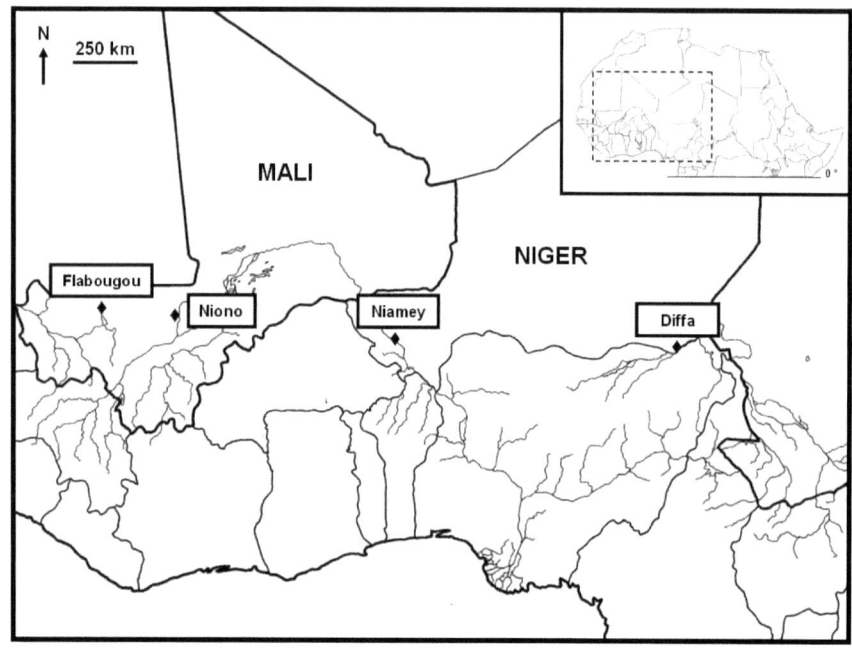

Figure 11 : Localisation des quatre zones d'échantillonnage

Le choix de ces sites découle d'une stratégie d'échantillonnage fondée sur la supposition que le varan du Nil est capable de révéler les différences de contamination entre des sites contaminés de manière variée. La principale motivation de ce choix était de déterminer si une contamination environnementale anormale peut être associée au trafic automobile à Niamey, aux stocks de pesticides à Niono/Molodo, et à l'utilisation de produits phytosanitaires dans les deux zones agricoles. Notre intention était également de cerner la finesse de discrimination que permet l'emploi du varan du Nil lors des comparaisons entre sites. Les caractéristiques précises de chacun des sites sont détaillées ci-dessous.

Le site de Niono/Molodo, au Mali (Figure 12a) – La commune de Niono, qui comptait un peu plus de 90 000 habitants en 2009 (INSTAT, 2009), regroupe les villes de Niono et de Molodo.

Cette région administrative est située au milieu d'une vaste zone humide de 80 x 10 km, orientée nord-sud, et située de part et d'autre du Canal du Sahel. Cette région, à vocation essentiellement agricole, est la deuxième plus importante au Mali pour la production de riz. Une surface de 84000 ha de rizières est irriguée par un important réseau de canaux reliés les uns aux autres. Dans les villes de Niono et de Molodo, ces canaux forment un lacis particulièrement dense. Les varans du Nil sont vus fréquemment dans ces canaux et dans les rizières.

L'accumulation massive de pesticides au Mali résulte du besoin de disposer en permanence de produits de lutte contre les invasions de criquets pèlerins (*Schistocerca gregaria*). A Niono, 600 barils (utilisés pour certains, partiellement ou complètement pleins pour d'autres) de 20 et 25 litres de dieldrine et de parathion ont été stockés jusqu'en 1993 dans un magasin de l'ex-OCLALAV (Organisation Commune de Lutte anti-Acridienne et de Lutte anti-AViaire – une organisation multiétatique dissoute en 1986). Un important canal d'irrigation passe à moins de 30 m du bâtiment. Après avoir été stockés à Niono, les fûts ont été transportés à Molodo. Les barils non encore utilisés ont été déposés en plein air dans une fosse initialement destinée à recevoir les huiles de vidange des aéronefs de l'OCLALAV. Les barils utilisés ont, eux, été entassés sur le sol à proximité. Une quantité résiduelle du liquide qu'ils contenaient a fui et a formé une tache huileuse au sol. En juillet 2008, les fûts ont finalement été retirés, compactés et confinés. Le procédé du *land farming* a été utilisé pour contribuer à décontaminer le sol et la fosse. Comme cela a été mentionné plus haut, au-delà du risque lié à l'accumulation, dans un passé proche, d'une grande quantité de fûts de pesticides, le site de Niono/Molodo est une zone agricole très active ou un usage substantiel de produits phytosanitaires a lieu (principalement de pesticides organophosphorés).

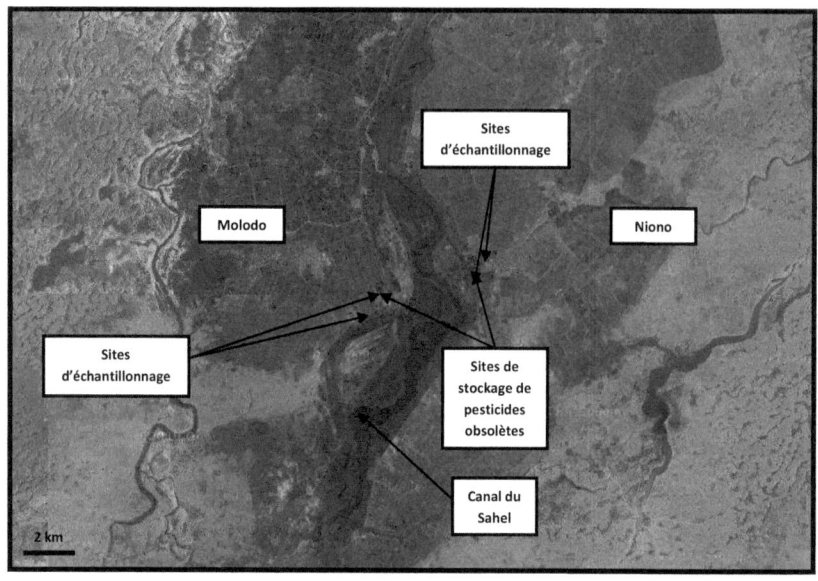

Figure 12a : Sites d'échantillonnage sur la zone de Niono/Molodo, au Mali

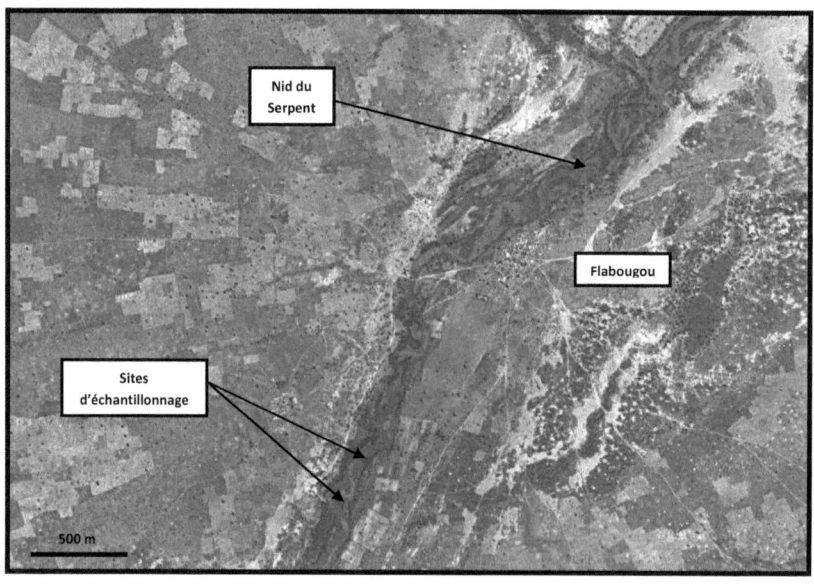

Figure 12b : Sites d'échantillonnage sur la zone de Flabougou, au Mali

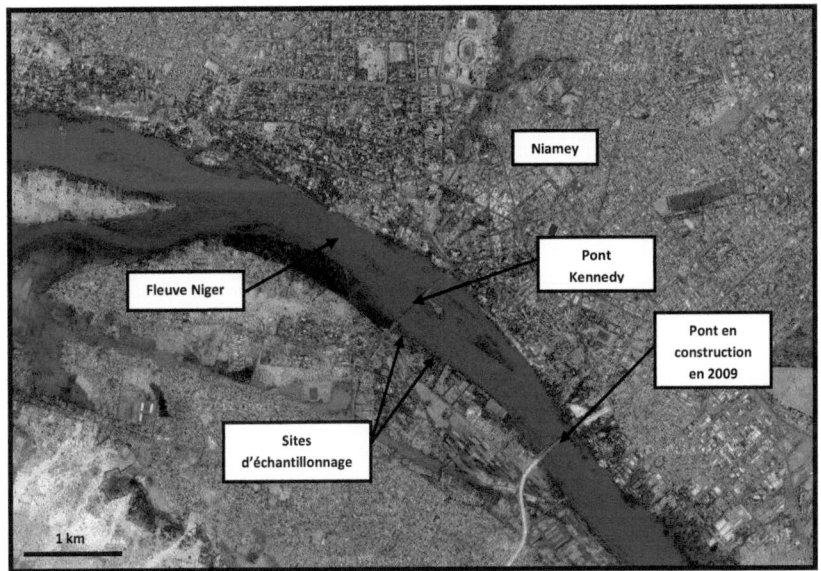

Figure 12c : Sites d'échantillonnage sur la zone de Niamey, au Niger

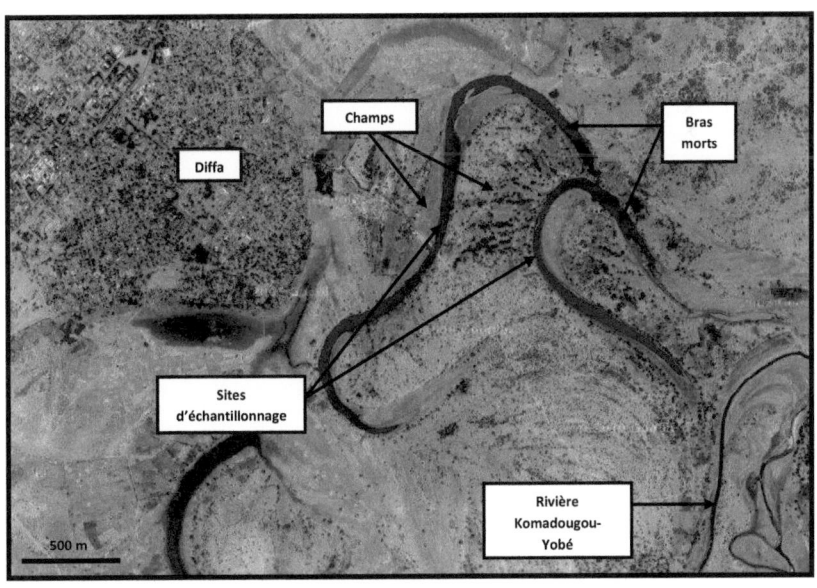

Figure 12d : Sites d'échantillonnage sur la zone de Diffa, au Niger

La ville de Diffa, au Niger (Figure 12d) – La population de la commune de Diffa était, en 2010, légèrement supérieure à 45 000 habitants (INS, 2010). Cette zone a été sélectionnée parce qu'elle est supposée représenter un site ou la contamination environnementale est de niveau intermédiaire, et résulte presque exclusivement de l'utilisation de pesticides (et non d'un quelconque stock). A Diffa, un réseau de mares et canaux étroits alimentés par les eaux de la rivière Komadougou-Yobé permet la production de cultures de rente toute l'année. Pour ce travail, nous sommes partis du postulat que Diffa est un site fondamentalement similaire à celui de Niono/Molodo, à l'exception des stocks de pesticides. L'utilisation de pesticides organochlorés est interdite au Niger depuis 1998, conformément aux conventions de Stockholm et de Rotterdam. Cela dit, selon les « Services de la Protection des Végétaux » à Niamey et Diffa, le dichlorodiphényltrichloroéthane ou DDT, l'hexachlorocyclohexane ou HCH, et l'aldrine ont été couramment utilisés au Niger auparavant. Aujourd'hui, ce sont principalement des pesticides organophosphorés qui sont sensés être employés aux alentours de la Komadougou-Yobé. Cependant, le recours à des produits interdits importés illégalement du Nigéria tout proche est fort probable (la Komadougou-Yobé marque la frontière entre Niger et Nigéria). Par ailleurs, les fertilisants phosphatés peuvent représenter une source considérable de métaux (notamment de cadmium) dans l'environnement. Des varans du Nil sont observés régulièrement dans les champs sur lesquels les pesticides évoqués ci-dessus sont ou ont été épandus. Les agriculteurs locaux sont habitués à capturer ces lézards qui représentent pour eux un apport alimentaire très apprécié.

La capitale du Niger, Niamey (Figure 12c) – Niamey est une métropole de plus de 1 200 000 habitants (INS, 2010), traversée par le fleuve Niger. De nombreuses activités potentiellement polluantes y ont cours : trafic automobile important, incinération non contrôlée des ordures, dépôt de déchets métalliques, activités de tannerie, etc. Par ailleurs à Niamey, des pesticides sont utilisés sur les champs situés le long du cours du fleuve Niger, dans les limites mêmes de la ville. Ces substances constituent également une source de pollution potentielle. Les captures ont été conduites à quelques mètres de l'unique pont en service au moment de l'étude (un deuxième a été construit depuis). Le trafic de toutes sortes de véhicules motorisés y était très important.

Le village de Flabougou, zone témoin, au Mali (Figure 12b) – Des échantillons ont également été prélevés sur des individus capturés au voisinage du petit village de Flabougou (moins de 1000 habitants), dans une zone humide temporaire nommée le Nid du Serpent, à la frontière du Parc National de la Boucle du Baoulé, au Mali. Les activités humaines locales se limitent à l'élevage extensif de bétail et à la culture de quelques variétés (mil) pour lesquelles l'usage d'aucun intrant agricole n'est connu. La situation de ce village, à distance de toute source de contamination notable, a conduit à le désigner comme le site témoin négatif pour ce travail.

Les quatre sites de capture présentent le même profil météorologique (voir figure 13).

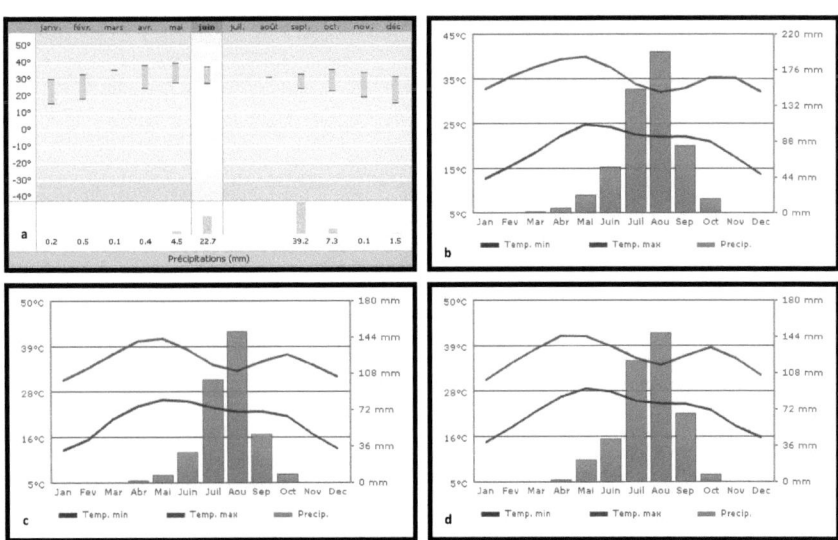

Figure 13 : Profil météorologique des quatre zones d'échantillonnage. a : Diéma, station la plus proche de Flabougou (à 40 km) ; b : Niono/Molodo ; c : Diffa ; d : Niamey

Celui-ci est marqué, d'une part, par l'alternance d'une saison sèche (d'octobre – novembre à mars – avril) et d'une saison humide (juillet et août sont les mois les plus arrosés) et, d'autre part, par une fluctuation des températures moyennes mensuelles dont les maxima sont atteints en mars – avril et en octobre.

MODALITES DE CAPTURE, MESURES ET PRELEVEMENTS

Captures – Les prélèvements opérés sur des varans sauvages ont été rendus possibles par la collaboration des pêcheurs et chasseurs en activité sur les différents sites de travail. Avec l'accord et l'aide des autorités compétentes au Mali comme au Niger (*i.e.*, la « Direction Nationale de la Conservation de la Nature » et la « Direction Générale de l'Environnement et des Eaux et Forêts », respectivement), nous avons conclu l'accord suivant avec les pêcheurs : à condition de rendre les varans à ceux qui les avaient capturés lors de leurs activités de pêche habituelles, nous étions autorisés à effectuer mesures et prélèvements.

Du 17 au 20 novembre 2008, 18 varans ont ainsi été capturés à Niono et Molodo, dans les canaux d'irrigation ou dans les rizières à proximité de l'ancien site de stockage de pesticides obsolètes ; et du 27 au 30 novembre de la même année, 14 individus ont été prélevés à Flabougou, le site témoin. Du 3 au 7 novembre 2009, 32 varans ont été attrapés dans les champs irrigués autour de la ville de Diffa ; et 7 spécimens à Niamey dans les champs bordant le fleuve Niger, près du pont. Les caractéristiques détaillées des animaux sont fournies à l'annexe 1.

Les spécimens utilisés lors de ce travail ont été capturés conformément à la technique décrite par Buffrénil et Hémery (2007a): le matin, avant la reprise d'activité des varans (soit avant 9 heures approximativement) les pêcheurs appâtent de gros hameçons (*Sea Kirby* n° 5, hampe de 6,5 cm de long et ouverture de 2 cm) avec un amphibien ou un poisson morts. Ce piège est positionné sur la berge ou sur la végétation flottante, à fleur d'eau. L'hameçon est solidement accroché à une cordelette (longueur 1.5 m au maximum) dont l'autre extrémité est fixée à un tronc ou à des racines. Les pièges sont relevés deux fois par jour. Les varans pris sont attachés jusqu'au moment de leur mise à mort, qui s'effectue selon la méthode coutumière des populations locales, par une profonde incision gulaire. L'hameçon est décroché après la mort de l'animal. Cette technique de piégeage, pratiquée dans tous les pays de la région sahélienne, fait partie des traditions des populations villageoises (Buffrénil, 1993, 1998). Son efficacité est considérable : des équipes semi-professionnelles de chasseurs peuvent mettre en place, sur un espace restreint, 200 à 250 hameçons utilisés pendant plusieurs jours. Un effort de capture de cette importance peut aboutir au piégeage de 30 à 40 varans adultes par jour au début de la session de capture. En moins de dix jours, les effectifs initiaux de varans adultes dans les populations locales peuvent être réduits de 50 à 80% (Buffrénil et Hémery, 2007a). A plus long terme, il est fort probable que l'exploitation répétée des varans dans une même zone finisse par modifier certains traits d'histoire de vie des animaux, tels la taille, la vitesse de croissance, ou encore l'âge à la première reproduction. Les zones qui subissent une telle exploitation sont laissées au repos au moins l'année suivant une session de captures donnée (Buffrénil et Hémery, 2007b).

Mesures – Chaque varan a été mesuré, pesé, et sexé. Sur chaque individu ont été déterminées la longueur museau-cloaque (LMC, ou SVL pour *snout-vent length* en anglais), la masse corporelle (MC, ou BM pour *body mass*), l'indice de condition physique (ICP, ou BCi pour *body condition index*, défini comme le rapport de la masse corporelle sur la longueur museau-cloaque), la masse de la graisse abdominale (MG, ou FW pour *fat weight*), et l'indice somatique de graisse (ISG ou FSi pour *fat somatic index*, défini comme le rapport de la masse de graisse abdominale sur la masse corporelle) (tableau 1).

Tableau 1 : Abréviations des paramètres morphométriques pris en compte pendant l'étude

LMC (en cm ± 0.1 cm)	Longueur museau-cloaque
MC (en g ± 1 à 100 g)	Masse corporelle
ICP (ICP = MC / LMC)	Indice de condition physique
MG (en g ± 0.1)	Masse de graisse abdominale
ISG (ISG = MG / LMC)	Indice somatique de graisse

La longueur relative de la queue présente une forte variabilité intraspécifique chez les crocodiliens et les lézards (amputations accidentelles) ; c'est pourquoi la longueur museau-cloaque est préférée à la longueur totale dans ces groupes. Par ailleurs, au-delà du fait que certaines des mesures effectuées ici donnent des indications évidentes sur la taille des varans, toutes contribuent à refléter l'état de santé des individus. L'ICP décrit la corpulence d'un individu, mais sans prendre en compte la nature des tissus qui pourraient la déterminer (ce paramètre est sensible à l'état de la musculature, des masses adipeuses, ou encore à la présence d'œufs). L'ISG correspond à la proportion de graisse abdominale. Cette dernière, consommée pendant la phase annuelle de quiescence, est reconstituée au moment de la reprise d'activité ; sa masse relative traduit donc, en partie au moins, l'état nutritionnel de l'individu.

Prélèvements – L'intégralité des masses adipeuses abdominales (graisse de réserve) a été prélevée et pesée. De nombreux tissus en plus de la graisse ont été échantillonnés : foie, reins, muscle squelettique (partie proximale des membres pelviens), muscle lisse (intestin dans sa région proximale), os des membres pelviens, peau, lambeaux de mue, crête caudale, et griffes (Figure 14).

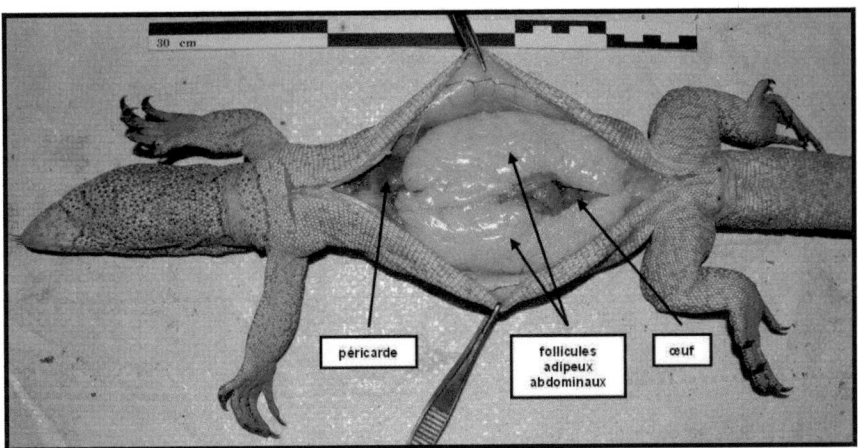

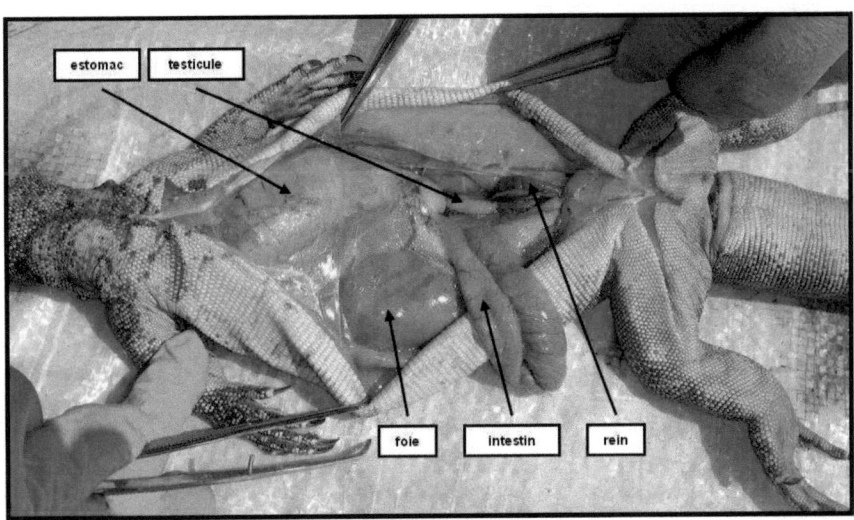

Figure 14 : Eléments de l'anatomie de V. niloticus, avec certains tissus utilisés pour l'étude

Le choix de prélever ces différents tissus s'explique par la possibilité que les substances recherchées n'aient pas la même affinité pour tous ces tissus (différences d'organotropisme). Comme on l'a mentionné plus haut, un des buts de cette étude est de déterminer s'il existe un tissu qui permette à la fois le dosage des métaux et des pesticides. Par ailleurs, distinction sera faite entre les tissus dont le prélèvement implique la mort de l'animal (graisse, foie, rein, muscle squelettique, intestin, os) et ceux dont le prélèvement n'est que peu néfaste à l'individu dont ils proviennent (peau, mue, crête caudale, griffe). Les tissus putrescibles ont été conservés congelés (à -4°C) dans des piluliers en polypropylène jusqu'à leur analyse à VetAgro-Sup, Campus Vétérinaire de Lyon. Les os ont été séchés au soleil puis simplement conservés à température ambiante dans des sachets en plastique hermétiques.

CHOIX ET PRESENTATION DES POLLUANTS ETUDIES

En ce qui concerne plomb et cadmium, les éléments présentés dans ce chapitre sont tirés des ouvrages de Narbonne et al. (1996) et de Sparling et al. (2010), des articles de synthèse de Peakall et Burger (2003), Smith et al. (2007) et Burger (2008), ainsi que du site internet Hasardous Substances Data Bank (HSDB, 2010). Les éléments relatifs aux polluants organiques proviennent également de l'ouvrage de Sparling et al. (2010), du site internet HSDB, des articles de De Silva et al. (2006), Fukuto (1990) et Coats (1990), ainsi que de rapports de l'Organisation des Nations Unies pour l'Alimentation et l'Agriculture et de l'Organisation Mondiale de la Santé (ONUAA/OMS, 1989).

Métaux

Dans les listes d'éléments chimiques potentiellement dangereux, le plomb et le cadmium figurent en bonne place parmi les éléments métalliques de plus forte nocivité (CEPA, 2010 ;

EC, 2001b ; USEPA, 2007) ; leur étude écotoxicologique présente donc un degré de pertinence maximum (Sparling, 2010).

Les métaux sont ubiquistes, et très différents les uns des autres. Ils peuvent se présenter sous forme d'ions dissous et sous de nombreuses autres formes de composés inorganiques, ou encore sous forme de complexes ou de composés organométalliques.

Tous les métaux ingérés ne sont pas obligatoirement absorbés. En ce qui concerne le transfert des polluants dans les réseaux trophiques, la formation de granules contenant des métaux, chez les proies, est reconnue comme un facteur réduisant l'absorption de ces métaux chez leurs prédateurs. La part des métaux qui n'est pas absorbée est éliminée dans les fèces. Celle qui est effectivement absorbée est acheminée vers le foie *via* le système porte hépatique. Dans ce tissu, éléments peuvent subir leur première transformation, ou leur stockage, avant d'éventuellement passer dans la circulation sanguine.

Une fois dans le compartiment systémique, les métaux sont distribués dans tout l'organisme vers les différents tissus cibles, et peuvent être éliminés ou au contraire être stockés sous une forme non disponible parfois pendant toute la vie de l'animal. Toutefois, les métaux stockés peuvent être redistribués dans l'organisme dans des circonstances particulières : chez les femelles lors de la conception des œufs, et plus généralement lors des phases de stress, les jeûnes, ou lorsque les individus atteignent un âge avancé et que l'activité ostéoclastique dans le tissu osseux devient prépondérante (cas du plomb).

Plomb – Les deux sources principales de plomb inorganique dans la nature sont le plomb de chasse et le plomb rejeté lors de la combustion de carburants automobiles. Les quantités de plomb introduites dans l'environnement par ces sources sont aujourd'hui considérablement réduites. En revanche, les fonderies sont toujours une source substantielle de contamination environnementale par le plomb, et ce à une échelle globale dans la mesure où leur activité permet le transport atmosphérique de cet élément.

Il est admis que 90 à 95% du plomb présent dans un organisme vertébré est concentré dans le tissu osseux. Cependant des niveaux importants peuvent aussi être retrouvés dans le foie et les reins. La contamination par le plomb peut occasionner des effets toxicologiques importants chez les animaux. Ces effets toxicologiques peuvent être d'ordre hématologique et neurotoxique. Le plomb est capable de provoquer l'altération du comportement et la réduction des capacités d'apprentissage. De plus, il peut entraîner une augmentation de la pression artérielle et avoir des effets notoires sur le système osseux (réduction de la croissance notamment). Enfin, au niveau rénal, le plomb peut entraîner un dysfonctionnement des mécanismes de transport actif de certains ions. Il peut également se fixer à l'ADN et altérer l'expression des gènes et la nature des protéines synthétisées. Le phénomène de bioamplification est avéré pour ce métal (Sparling et al., 2010).

Cadmium – Comme pour le plomb, l'existence naturelle de cadmium organique est fort peu probable. Le cadmium présent en milieu terrestre est peu transféré vers les milieux aquatiques. En revanche, quand les conditions y sont favorables, la part qui s'y retrouve peut être rapidement intégrée dans la matière en suspension et dans les biotes. Il est généralement admis que seul le cadmium sous forme Cd^{2+} peut effectivement s'accumuler dans les organismes.

Les études de synthèse rapportent que le cadmium s'accumule préférentiellement dans le rein. Les effets toxicologiques du cadmium peuvent en premier lieu prendre la forme d'une néphropathie irréversible (pouvant conduire à une insuffisance rénale). Par ailleurs, comme dans le cas du plomb, l'exposition chronique au cadmium pourrait augmenter la pression artérielle. Il n'est pas encore clair si l'ostéoporose et l'ostéomalacie observées en cas d'intoxication au cadmium ont pour origine un effet direct de cet élément sur l'os, ou s'il s'agit d'un effet secondaire à l'atteinte néphrotoxique. Le cadmium est un perturbateur endocrinien ; il peut présenter des effets délétères pour la reproduction et le développement. Enfin, il est reconnu comme agent tératogène, mutagène et cancérigène.

Le cadmium peut être présent dans des organismes aquatiques à des niveaux correspondant à des facteurs de bioconcentration allant jusqu'à 4000. Mais la valeur médiane de ces facteurs est de l'ordre de 100 chez les poissons. Il semblerait en outre que l'importance de la contamination des réseaux trophiques soit élevée chez les espèces situées à un niveau bas et à un niveau élevé de ces réseaux. Les espèces de niveau intermédiaire seraient moins contaminées. Toutefois, certains travaux ont mis clairement en évidence le phénomène de bioamplification chez des oiseaux (Gochfeld et Burger, 1982 ; Burger, 2001). Enfin le phénomène de bioaccumulation du cadmium a été mis en évidence chez certains mammifères (Komarnicki, 2000 ; Beiglbock, 2002) ou certains oiseaux (Stock et al., 1989).

Pesticides organochlorés

Les pesticides organochlorés (OC) sont des composés de synthèse, dont les premiers ont été développés au début des années 1900. Depuis les années 1970, leur usage a été limité. Certains sont toujours utilisés (comme l'endosulfan, le lindane, le dicofol ou encore le méthoxychlor), mais la plupart sont interdits. Ce sont principalement des insecticides, employés notamment contre les arthropodes vecteurs du paludisme (c'est le cas du DDT, de nos jours encore, dans certaines parties du monde). Le faible coût des composés de cette famille (surtout du DDT) crée un fort risque d'utilisation illégale, notamment dans les régions où les contrôles sont limités.

Les OC comprennent au moins un atome de chlore. Ils sont divisés en cinq classes principales : 1) le DDT et ses dérivés, 2) les cyclodiènes (aldrine/dieldrine, heptachlor, endrine, endosulfan, chlordane), 3) les hexachlorocyclohexanes ou HCH (dont le HCHγ ou lindane), 4) le toxaphène et ses congénères, et 5) le mirex et la chlordécone. Les différences entre ces groupes résident dans la toxicité et les effets sub-létaux. Néanmoins, tous partagent certaines caractéristiques :

- Lipophilie : tous sont modérément à hautement lipophiles ; la teneur en lipides dans les tissus est donc le premier facteur contrôlant leur transport, leur distribution et leur stockage.
- Persistance et ubiquité : les OC sont retrouvés sur toute la planète (jusqu'aux pôles). Le DDT et ses dérivés sont particulièrement stables, et peuvent rester des décennies dans l'environnement. D'autres (endosulfan, heptachlor, aldrine) ont des demi-vies plus courtes (de quelques semaines à quelques mois) mais tout de même considérables. Par ailleurs, certains présentent une volatilité suffisante pour être transportés dans les courants atmosphériques sur au moins plusieurs centaines de kilomètres.
- Bioaccumulation : les organochlorés sont sujets à la bioaccumulation, notamment dans les graisses ; ils sont donc remis en circulation dans l'organisme lorsque le tissu adipeux est mobilisé.
- Bioamplification : il n'est pas inhabituel de trouver des concentrations d'OC supérieures d'un facteur 30 à 100 d'un niveau trophique au niveau suivant.

Les produits du métabolisme de certaines substances peuvent s'avérer plus toxiques que les composés parents (c'est par exemple le cas du DDE, qui provient du DDT et qui est d'ailleurs plus cumulatif que ce dernier, ou de la dieldrine, dérivée de l'aldrine).

Beaucoup d'organochlorés sont des neurotoxines interférant avec le transport des ions à travers le neurolemme ou la membrane cellulaire des neurones. Mais les mécanismes d'action varient entre les divers composés. Le DDT par exemple interfère avec les pompes à sodium et à potassium dans les membranes des neurones, causant la perturbation de l'homéostasie calcique. Les cyclodiènes, pour leur part, ont plutôt tendance à bloquer les récepteurs GABA et altèrent le fonctionnement des transporteurs à dopamine (et par suite les concentrations de dopamine après une exposition).

Les OC peuvent également affecter le fonctionnement de la thyroïde (certains, comme le dicofol, sont des antagonistes des hormones thyroïdiennes), agir comme promoteurs de tumeurs, ou encore induire ou supprimer les enzymes du cytochrome P450. Ils sont susceptibles d'altérer la fonction immunitaire. Enfin, ce sont pour la plupart des perturbateurs endocriniens.

Les effets aigus possibles consistent en l'hyperexcitation du système nerveux, qui peut conduire à la mort par arrêt respiratoire. Toutefois, la toxicité aiguë des OC est inférieure à celle de la majeure partie des pesticides appartenant à d'autres famille chimiques. A titre d'exemple, le 4,4'-DDE est associé à une DL50 orale de l'ordre du g/kg (*i.e.* il présente une toxicité aiguë à peine trois fois plus importante que le sel de table).

DDT, DDD et DDE - Le DDT et le DDD ont été produits abondamment dans le passé et leur usage en tant qu'insecticides s'est traduit par leur libération directe dans l'environnement. Le DDT se transforme rapidement en DDD puis DDE, tant dans l'environnement que dans les organismes. Si bien que c'est le DDE qui est le plus souvent retrouvé dans les tissus des êtres vivants ; chez les reptiles, c'est le composé que l'on retrouve aux concentrations les plus importantes.

A l'air libre, DDT, DDD et DDE se présentent à l'état de vapeur ou sous forme particulaire. La vapeur est rapidement dégradée (en quelques jours), alors que la fraction particulaire est déposée dans l'environnement. La photolyse directe du DDT en solution est quasi-inexistante. Le DDD non plus n'est pas connu pour être sensible à la lumière. En revanche, le DDE peut subir une photolyse directe considérable. A la surface de sols humides, la volatilisation est un processus influençant de manière significative le devenir du DDT, du DDD et du DDE alors qu'à la surface des sols secs, le DDE n'est pas supposé se volatiliser. Le DDD et le DDE y présentent tous deux une mobilité nulle. La demi-vie du DDT associée au processus de biodégradation seul, dans le sol, peut dépasser 15 ans en conditions aérobies, alors que dans les boues et les sédiments, elle n'excède pas une semaine. Le DDD est lui aussi persistant dans le sol en conditions aérobies (quoique dans une bien moindre mesure que le DDT), ce qui suggère que le phénomène de biodégradation n'est pas prépondérant dans ces conditions. La biodégradation du DDT dans l'eau est variable : d'insignifiante dans les eaux marines, elle peut représenter un taux de conversion en DDD proche de 100% en quelques mois dans les sédiments et dans l'eau des rivières, respectivement. La biodégradation du DDD et du DDE dans l'eau négligeable. La volatilisation à partir de la surface de l'eau peut être importante pour le DDT comme pour ses deux congénères, mais l'adsorption aux matières en suspension et aux sédiments limite ce phénomène. L'hydrolyse est un processus modéré de dégradation du DDT et du DDD (en DDE), favorisé par l'existence d'un milieu basique. L'hydrolyse du DDE est négligeable. Les facteurs de bioconcentration, dans les organismes aquatiques, peuvent atteindre des valeurs très élevées (jusqu'à 50 000 pour le DDD et plus de 80 000 pour le DDT et le DDE).

Sous les latitudes tropicales, le DDT est parfois encore utilisé pour contrôler les arthropodes vecteurs du paludisme. Partout ailleurs, les suivis indiquent que la contamination environnementale au DDT, DDD et DDE, quoiqu'en perpétuelle diminution, persiste.

Dieldrine - La dieldrine, utilisée en tant qu'insecticides dans le passé, a été directement rejetée dans l'environnement ; mais c'est aussi un produit de dégradation d'un autre insecticide, l'aldrine, dont c'est la forme époxyde. La dieldrine agit en intensifiant l'activité synaptique. Les neurones comptant le plus de synapses seront ainsi les plus affectés. Il ne semble pas qu'il y ait une action sélective sur un neurotransmetteur particulier ou sur un système précis de neurotransmission. L'altération du comportement qui en découle est fonction de la dose de dieldrine.

La demi-vie de la dieldrine dans l'atmosphère (quelques heures) est plus courte que celles du DDT et de ses métabolites. Elle subit une photolyse directe en photodieldrine, son produit de dégradation principal. Des études de terrain ont montré, néanmoins, que sa mobilité dans les sols est insignifiante et que sa durée de demi-vie pouvait avoisiner 7 ans. La volatilisation de la dieldrine sur sol humide, sur la végétation ou dans le milieu aquatique est importante. Le phénomène d'adsorption limite toutefois considérablement sa volatilisation. La durée de demi-vie de la dieldrine liée au seul processus d'hydrolyse dépasse 4 ans. Des facteurs de bioconcentration très élevés (de 3300 à 14500) ont été rapportés.

Pesticides organophosphorés

Découlant initialement de recherches menées à partir du milieu du 20e siècle, les pesticides organophosphorés (OP) ont progressivement, à partir des années 1970, pris la place des organochlorés. C'est aujourd'hui la famille de composés pesticides la plus utilisée à travers le monde, notamment en Afrique. Ce sont des composés comprenant au moins une liaison carbone-phosphore. Les OP ont été développés pour être beaucoup moins persistants que les OC, et peu sujets à la bioaccumulation. Par conséquent, la détection d'un composé particulier dans un tissu est souvent impossible ; d'autant que les OP sont rapidement métabolisés dans les organismes. Pour palier cet inconvénient, des marqueurs d'exposition ont été utilisés, mais cette approche ne nous informe pas sur la nature précise du ou des composé(s) auquel(s) l'animal a pu être exposé. Les OP présentent néanmoins, pour la plupart, une toxicité aiguë supérieure à celle des organochlorés.

Si le mode d'action des OP – l'inhibition de l'activité cholinestérasique – est toujours le même, la toxicité de ces composés peut varier grandement ; elle est notamment beaucoup moins homogène que celle des composés organochlorés. En phosphorylant l'acétylcholinestérase, les OP limitent l'hydrolyse du neurotransmetteur qu'est l'acétylcholine, ce qui a pour conséquence son accumulation au niveau de la synapse ou de la jonction neuromusculaire.

La toxicité des OP dépend de la réactivité de l'ester de phosphore qui les compose. Les formes avec des liaisons phosphore-oxygène sont naturellement plus toxiques que celles avec des liaisons phosphore-soufre, qui nécessitent une activation métabolique pour s'avérer réellement dangereuses (c'est le cas du parathion, qui se trouve activé dès lors qu'il est métabolisé en paraoxon).

L'intoxication aux OP peut se traduire schématiquement par :

- l'hyperstimulation des fibres des muscles lisses (qui peut provoquer un collapsus alvéolaire) ;
- une phase d'accumulation d'acétylcholine dans les tissus glandulaires, conduisant à des hypersécrétions (avec un risque d'œdème aigu du poumon) ;
- une phase d'atteinte neurologique (tremblements, convulsions, coma).

La mort peut intervenir à n'importe quelle phase, et l'enchaînement des phases ne suit pas forcément l'ordre de la liste ci-dessus.

Parathion - Le parathion a été utilise en tant qu'insecticide et acaricide. En conditions oxydatives, il se dégrade en p-Nitrophénol, en acide diéthylthiophosphorique et en paraoxon. Dans des conditions de faible oxygénation, au contraire, il est réduit en aminoparathion. A l'état de vapeur, il ne subsiste que quelques heures dans l'atmosphère. Ce composé est moins enclin à la bioaccumulation et à la bioamplification que les OC. Dans le sol, sa mobilité est limitée, et sa dégradation (principalement photodécomposition et réduction par les microorganismes) est rapide : les durées de demi-vie à une température et un pH cohérents avec des conditions environnementales normales s'étendent de quelques heures à quelques semaines. Dans le milieu aquatique, les phénomènes de photolyse, de réduction et d'hydrolyse sont considérables. Toutefois, la volatilisation du parathion est très limitée, que ce soit à partir du sol (sec ou humide), aussi bien que de la surface de l'eau. Les facteurs de bioconcentration du parathion peuvent approcher 500 ; d'une manière générale, la bioconcentration du parathion dans les organismes aquatiques est modérée à élevée.

Malathion - Le malathion est un insecticide utilisé aujourd'hui encore. Il n'existe qu'à l'état de vapeur dans l'atmosphère, où il subit rapidement (en quelques heures) une photolyse directe importante. Le malathion est très mobile dans le sol. Quel que soit le milieu, sa volatilisation est très faible, mais le phénomène d'hydrolyse est important et la biodégradation, rapide. Les facteurs de bioconcentration du malathion sont faibles.

Chlorpyrifos-éthyle - Le chlorpyrifos, ou CPF, est abondamment utilisé de nos jours, notamment en Afrique sous la formulation commerciale *Dursban* (Dow AgroSciences LLC). Comme le malathion, le CPF subit une photolyse directe rapide dans l'atmosphère. Dans le sol, sa mobilité est minime. Le phénomène de volatilisation est important dans l'eau et sur sol humide, mais pas sur sol sec. Dans l'eau, le CPF est adsorbé sur les sédiments et la matière en suspension. Sa biodégradation est considérable. L'importance de l'hydrolyse du CPF augmente avec le pH. Des facteurs de bioconcentration modérés à importants ont été rapports (jusqu'à 1000).

Le tableau 2 fournit la liste complète des composés recherchés.

Tableau 2 : Liste des 23 organochlorés et des 18 organophosphorés recherchés dans les tissus des varans (classés selon leur temps de rétention, du plus court au plus long)

ORGANOCHLORES	ORGANOPHOSPHORES
HCH-α	Dichlorvos
HCH-β	Mevinphos
HCB	Phorate-oxon
HCH-γ (lindane)	Phorate
Chlorothalonil	Terbufos
Heptachlore	Diazinon
Aldrine	Disulfoton
Dicofol	Chlorpyriphos-méthyle
Heptachlore-époxyde	Pyrimiphos-méthyle
Trans-chlordane	Fenitrothion
Endosulfan-α	Malathion
Cis-chlordane	Chlorpyriphos-éthyle
Trans-nonachlor	Fenthion
2,4'-DDE	Phorate-sulfone
Dieldrine	Parathion
4,4'-DDE	Methidathion
2,4'-DDD	Disulfoton-sulfone
Endrine	Triazophos
Endosulfan-β	
4,4'-DDD	
2,4'-DDT	
Endosulfan-sulfate	
4,4'-DDT	

ASPECTS ANALYTIQUES

Métaux

Extraction des métaux – Les échantillons homogénéisés de foies, reins, intestins et muscles squelettiques ont été desséchés pendant 48 heures à 70°C et pulvérisés avant d'être minéralisés (*i.e.*, l'intégrité moléculaire de l'échantillon a été presque intégralement détruite par l'action d'acides forts en milieu fortement oxydant, à tel point que la matrice à analyser, initialement organique, se retrouve sous la forme d'éléments inorganiques ou « minéraux ») et analysés. Une quantité de 0,15 à 0,25 g de chaque tissu a été placée dans des creusets en céramique préalablement nettoyés (à l'acide nitrique *pro analyses* à 65% dilué au dixième dans de l'eau déionisée), dans lesquels a été ajouté 1 ml d'acide sulfurique (acide *suprapur* à 96% dilué au demi). Les échantillons ont alors été incinérés dans un four réfractaire, selon les phases du programme de températures suivant : i) une montée lente de la température ambiante jusqu'à 700°C en 10 heures, puis ii) un plateau de 6 heures à 700°C, et enfin iii) une phase de refroidissement passif. Deux millilitres d'acide nitrique (acide *suprapur* à 65% dilué au demi) ont alors été introduits dans les creusets, puis les échantillons ont été chauffés doucement sur une plaque électrique jusqu'à évaporation totale du liquide. Une fois les creusets refroidis, 1 ml d'acide nitrique (acide suprapur à 65% dilué au dixième) a été utilisé pour remettre en solution les métaux. Les échantillons ont alors été dilués avec de l'eau déionisée jusqu'à un volume de 10 ml.

Dans chaque fémur, une section transversale de 2,5 mm d'épaisseur a été réalisée au niveau du trou nutritif de l'os à l'aide d'une scie circulaire à lame diamantée. Cette partie est ontogénétiquement la plus ancienne, et le cortex y est à la fois épais et totalement exempt de remaniement interne (*cf.* Figure 10). Ces échantillons ont d'abord été desséchés et dégraissés dans des bains d'éthanol (*normapur* VWR Int., Strasbourg, France) de concentrations croissantes (70%, 95% et 100%) et d'acétone (*pestanal* Sigma, Saint-Quentin-Fallavier, France). Les restes pulvérulents de moelle osseuse ont alors été retirés à l'aide d'un pinceau doux sous la loupe binoculaire. Les sections d'os propres ont alors été soigneusement lavées à l'acide dilué, rincées à l'eau déionisée, séchées et pesées (masses de 60 à 110 mg). Cette procédure de lavage à l'acide a également été appliquée à certains autres tissus analysés : peau entière, mue, crête caudale et griffes.

Pour tous ces échantillons, une minéralisation au four à micro-ondes à haute pression (Ethos Plus 2 Microwave Labstation, Milestone s.r.l., Sorisole, Italie) a été réalisée dans des inserts en polytetrafluoroéthylène au contact d'un millilitre d'acide nitrique concentré (acide *suprapur* à 65%). Les réacteurs dans lesquels ont été introduits les inserts contenaient également 3 ml de peroxyde d'hydrogène et 10 ml d'eau déionisée. Le programme de température se déroulait en trois phases : i) une montée rapide de la température ambiante jusqu'à 180°C, puis ii) un plateau de 10 minutes à 180°C, et enfin iii) une phase de refroidissement passif. Les échantillons d'os ont, comme les échantillons des autres tissus, été dilués jusqu'à un volume de 10 ml avec de l'eau déionisée.

Analyse des métaux – Pour les neuf tissus prélevés sur chaque individu pour la détection des métaux, les dosages de plomb et de cadmium ont été réalisés avec un spectromètre d'absorption atomique Unicam 989 QZ (Thermo Optek, Trappes, France) à four graphite, aux longueurs d'onde 217,0 et 228,8 nm, respectivement. En ce qui concerne le plomb, une droite de calibration a été établie, selon une régression linéaire des moindres carrés, à partir d'un échantillon blanc et de solutions de nitrate de plomb (II) à 2, 5, 10, 15, et 20 µg.l^{-1}. Pour le cadmium, une courbe de calibration a été établie, selon une régression quadratique des moindres carrés, à partir d'un blanc et de solutions de sulfate de cadmium à 0,5, 1, 2, 4, et 5 µg.l^{-1}. Ces solutions étaient renouvelées quotidiennement. Dans les deux cas, le graphe de calibration était accepté lorsque le coefficient de corrélation était de 0,995 au moins. Pour le plomb comme pour le cadmium, les solutions-étalons de concentration maximale ont été analysées à la fin de chaque série d'analyses afin de détecter une éventuelle dérive de l'importance du signal élémentaire détecté. Les valeurs de ces dérives élémentaires s'étendaient de - 5,2% à + 10,1% pour le plomb, et de − 10,0% à + 6,8% pour le cadmium. Des blancs et des témoins positifs ont été inclus en ordre aléatoire dans chaque série d'analyses. Les taux de recouvrement des échantillons supplémentés de foie, rein, intestin et muscle ont toujours été supérieurs à 80% pour le plomb (sauf pour une série lors de laquelle 73,4% de la quantité de plomb a été retrouvée) et toujours supérieurs à 80% pour le cadmium avec la technique de minéralisation au four réfractaire. En ce qui concerne l'os, minéralisé au four à micro-ondes, les témoins positifs consistaient en des échantillons de référence de poudre d'os (SRM 1400, *National Institute of Standards and Technology*) pour le plomb (avec des taux de recouvrement toujours supérieurs à 80%, à une exception près à 77,7%), et en des échantillons supplémentés pour le cadmium (avec des taux de recouvrement toujours au dessus de 90%). Les limites de quantification ont été établies pour chaque métal sur la base du point de calibration le plus bas avec un coefficient de variation inférieur à 10%, et en prenant en compte le facteur de dilution (10 fois) des échantillons. Ces limites de quantification ont ainsi été déterminées à 20 ng.g^{-1} pour le plomb et 5 ng.g^{-1} pour le cadmium, quel que soit le tissu considéré. Pour chaque métal, 10 échantillons blancs supplémentés aux limites de quantification ont été analysés pour vérifier ces valeurs (avec un coefficient de variation inférieur à 15%).

L'eau déionisée utilisée pour chaque dilution avait une résistivité minimum de 18,2 MΩ.cm. Le nitrate de plomb (II), ainsi que tous les acides et la solution de peroxyde d'hydrogène ont été obtenus auprès de Merck (Darmstadt, Allemagne), et présentaient tous une pureté maximum. Le sulfate de cadmium a été fourni par Sigma Chemical Co. (Saint-Louis, USA).

Pesticides organochlorés

Extraction des pesticides organochlorés – Les organochlorés ont été dosés dans la graisse abdominale (tissu où leur accumulation est théoriquement la plus importante), les tissus hépatique et rénal (organes filtres), et dans le muscle de la cuisse des varans (tissu principalement consommés par l'homme).

Les follicules adipeux abdominaux ont été délicatement fondus et 0,2 mg ont été introduits dans un tube à essai en verre, dans lequel 5 ml d'hexane, puis 1 ml d'un mélange d'acide sulfurique et d'acide chlorhydrique fumant (dans les proportions volumiques 65% / 35%, respectivement) ont été ajoutés. Les tubes ont subi une centrifugation à 3000 tr.min^{-1} pendant 5 minutes. Les trois autres tissus ont été traités de manière identique : pour chaque échantillon, 1 g de tissu frais homogénéisé a été introduit dans un tube en verre de 50 ml et a été broyé à l'aide d'un Turrax® dans 30 ml d'un mélange d'hexane et d'acétone (dans des proportions volumiques de 75% / 25%, respectivement). Le solvant a alors été transféré dans un ballon évaporateur après passage sur filtre séparateur de phase. Le broyat a subi une seconde extraction selon les mêmes modalités, et le filtrat résultant de la deuxième extraction a été ajouté dans le ballon évaporateur à celui résultant de la première. Le mélange hexane / acétone dans le ballon a alors subi une évaporation sous vide à 60 °C sur évaporateur rotatif. Les éventuels résidus organochlorés présents ont alors été repris par 10 ml d'hexane (sous agitation), et 5 ml de cette solution ont été transférés dans un tube en verre. A partir de cette étape, les échantillons de foie, rein et muscle ont été traités comme le tissu adipeux : ajout du mélange d'acides et centrifugation selon les mêmes modalités.

Analyse des pesticides organochlorés – Pour les quatre tissus, après l'étape de centrifugation, le surnageant a été analysé en phase gazeuse à l'aide d'un chromatographe (Agilent 5890 série 2, Santa Clara, CA, USA) couplé à un détecteur à capture d'électrons et associé à une colonne de 60 m (Restek Rtx, Macherey-Nagel, Hoerdt, France) d'une porosité de 0,25 mm et d'une épaisseur de 0,25 µm. Des volumes de 2 µl ont été injectés automatiquement pour chaque échantillon. L'azote, utilisé avec un flux de 2 ml.min^{-1}, a été utilisé comme gaz porteur. Le programme de température suivant a été employé pour l'élution : i) 2 min à 75 °C, puis des augmentations de température ii) de 15 °C.min^{-1} jusqu'à 150 °C, iii) de 1,2 °C.min^{-1} de 150 à 256 °C, et enfin iv) de 25 °C.min^{-1} jusqu'à 300 °C, pour une durée totale d'analyse de 110 min. Chaque analyse a été suivie d'un rinçage de 15 min à 300 °C. Les étalons (en provenance de CIL, Sainte-Foy-la-Grande, France) utilisés présentaient une pureté supérieure à 99% ; le taux de recouvrement correspondant n'est jamais descendu en deçà de 92%. La linéarité a été reconnue entre 5 et 100 ng.g-1 (avec un coefficient de régression supérieur à 0,99 sur les étalons et les échantillons supplémentés). Les limites de quantification des organochlorés (déterminées à partir du point de calibration le plus bas avec un coefficient de variation inférieur à 20%) n'ont pour aucune molécule dépassé les 10 ng.g^{-1}, et ont même été établies à 1 ng.g^{-1} pour le DDT et ses congénères.

Pesticides organophosphorés

Extraction des pesticides organophosphorés – Les organophosphorés ont été dosés dans le foie et les reins des varans (tissu filtre dans lesquels l'éventuelle accumulation de ces composés a le plus de chances d'être importante) et dans le muscle de la cuisse (tissu principalement consommés par l'homme).

Les organophosphorés ont été dosés dans le tissu hépatique et rénal, et dans le muscle de la cuisse des varans. Trois grammes de tissu frais homogénéisé ont été broyés à l'aide d'un Turax® dans un tube en polypropylène de 50 ml avec 40 ml de dichlorométhane. L'ensemble a été filtré sur papier séparateur de phase et sulfate de sodium en poudre et le filtrat récupéré dans un ballon évaporateur. Le solvant a été évaporé sous vide à 50 °C, dans le ballon, sur évaporateur rotatif. Les éventuels résidus organophosphorés présents ont alors été repris par 3 ml d'éthanol et transférés dans un tube à essai en verre. La solution d'éthanol a été purifiée par un passage sur colonnes de silice (préalablement conditionnées par 2 ml de méthanol puis 2 ml d'éthanol) sur un bloc à vide. Les colonnes ont été rincées par 2 ml de dichlorométhane, ajoutés dans le tube à essai à la solution d'éthanol. Le mélange d'éthanol et de dichlorométhane a été évaporé avec insufflation d'air dans un bain chauffant à 60 °C. Enfin, après évaporation complète, les éventuels résidus organophosphorés ont été repris par 3 ml de dichlorométhane.

Analyse des pesticides organophosphorés – Les solutions de dichlorométhane contenant les éventuels résidus organophosphorés ont alors été analysées en phase gazeuse à l'aide d'un chromatographe (Agilent 6890) couplé avec un spectromètre de masse et associé à une colonne de 30 m (Hewlett-Packard, Palo-Alto, CA, USA). Pour chaque échantillon, 2 µl ont été injectés automatiquement, à 250 °C, pour analyse. Le gaz porteur – l'hélium, avait un flux de 2,5 ml.min^{-1}. Le programme de température utilisé lors de l'élution a suivi les étapes suivantes : i) un plateau de 2 min à 100 °C, ii) une augmentation de température de 55 °C.min^{-1} jusqu'à 200 °C, iii) un second plateau à 200 °C pendant 5 min, iv) une nouvelle augmentation de température de 50 °C.min^{-1} de 200 à 220 °C, v) un dernier plateau à 220 °C pendant 3 min, et enfin vi) une augmentation de 60 °C.min^{-1} jusqu'à 300 °C. Un rinçage final de 2 min à 300 °C a été réalisé après l'analyse de chaque échantillon. La durée totale de l'analyse était donc de 13,55 min. Des courbes de calibration ont été déterminées entre 25 et 500 ng.g^{-1} (avec un coefficient de régression supérieur à 0,99 sur les étalons et les échantillons supplémentés), et la limite de quantification établie à 25 ng.g^{-1} pour tous les composés organophosphorés (comme pour les organochlorés, cette limite a été déterminée à partir du point de calibration le plus bas avec un coefficient de variation inférieur à 20%). Des étalons et des échantillons supplémentés ont été analysés régulièrement : les taux de recouvrement correspondants s'étendaient de 78 à 89%. Des témoins négatifs ont également été régulièrement analysés ; avec des résultats n'excédant jamais les limites de quantification.

Comme pour les métaux, les acides (Merck), les alcools et les solvants (Sigma Chemicals Co.), ainsi que le sulfate de sodium (fourni par VWR, Leuven, Belgique) utilisés lors des travaux sur les pesticides présentaient une pureté maximum.

ANALYSES STATISTIQUES

Toutes les analyses statistiques ont été réalisées à l'aide du logiciel R (R Development Core Team, 2010). D'éventuels déséquilibres dans le *sex ratio* global de l'échantillon ou à l'échelle des sites d'échantillonnage ont été recherchés à l'aide de tests du χ^2. Des tests de rang non paramétriques de Mann-Whitney-Wilcoxon ont été utilisés, dans l'échantillon global comme au niveau local, pour évaluer la différence entre les mâles et les femelles en ce qui concerne les caractéristiques morphologiques LMC, MC, ICP, MG, et ISG.

Traitements statistiques appliqués aux dosages des métaux – Afin de comparer entre les quatre sites la masse corporelle des varans d'une part, et leur longueur museau-cloaque d'autre part, des tests d'identité non paramétriques de Kruskal-Wallis ont été utilisés. Il a été choisi d'employer la méthode des corrections de Bonferroni pour tenter d'identifier les éventuelles différences entre les sites considérés deux à deux. Les corrélations entre les concentrations de plomb et celles de cadmium dans chaque tissu, d'une part, et les corrélations entre les concentrations de chaque métal dans les différents tissus, d'autre part, ont été évaluées par des tests de corrélation non paramétriques de Spearman.

Par ailleurs, non avons testé par une analyse de variance les effets de cinq facteurs (sexe, tissu, site d'échantillonnage, longueur museau-cloaque et indice somatique de graisse) sur les concentrations de plomb et de cadmium dans les cinq tissus suivants : foie, rein, intestin, muscle, os, à l'aide d'une analyse par un modèle linéaire mixte (en utilisant la suite logicielle *nlme* du logiciel R). En raison de la distribution des données, les concentrations en plomb et en cadmium, ainsi que la longueur museau-cloaque, ont subi une transformation logarithme-décimale avant d'être incluses dans le modèle. Ont été considérés dans ce modèle l'effet fixe de trois facteurs qualitatifs (sexe, tissu et site d'échantillonnage) et deux variables quantitatives (longueur museau-cloaque et indice somatique de graisse). Par ailleurs, l'analyse a pris en compte l'effet aléatoire individuel (en d'autres termes, le modèle intègre le fait que les différents tissus d'un varan appartiennent bien au même individu). De plus, il a été décidé d'introduire dans ce modèle les interactions de premier ordre entre les facteurs qualitatifs (à l'exception du facteur aléatoire), ainsi que les interactions entre chaque variable qualitative et chaque facteur quantitatif.

Le fait d'inclure dans ce modèle la variable *tissu* est justifié par la propension des polluants à s'accumuler de façon différentielle dans les divers organes, et le fait d'inclure la variable *site d'échantillonnage*, par les différences potentielles qui peuvent exister entre les sites dans les niveaux de contamination environnementale. Le facteur *sexe* est reconnu comme étant une caractéristique déterminante dans les schémas de contamination des organismes (au moins parce que les femelle peuvent soustraire des contaminants de leurs tissus lorsqu'elles sont gravides [Hall, 1980]). Par ailleurs, puisque d'une part les variables *longueur museau-cloaque* et *masse corporelle*, et d'autre part les variables *indice somatique de graisse* et *indice de condition physique* sont fortement corrélées ($p < 10^{-15}$ pour les deux paires), nous avons choisi d'inclure dans le modèle une seule variable de chaque paire. Chez les varans, la longueur museau-cloaque est étroitement liée à l'âge (Buffrénil et al., 1994) ; cette caractéristique est donc essentielle lorsque l'on souhaite aborder la question de la bioaccumulation. L'indice somatique de graisse reflète la quantité de nourriture que les varans ont consommée depuis le début de leur cycle d'activité annuel. Toute fluctuation de cet indice d'un individu à un autre peut avoir des conséquences notables sur la physiologie et le comportement, et ainsi grandement affecter les processus de contamination.

Il est important de noter que lorsque le résultat d'un dosage s'avérait en deçà des seuils de quantification, la valeur finale de ce résultat était fixée à ces seuils (*i.e.* 20 ng.g^{-1} pour le plomb et 5 ng.g^{-1} pour le cadmium). En conséquence, l'hypothèse de normalité a pu parfois être violée. Néanmoins, il n'existe pas d'analyse en modèle linéaire mixte qui prendrait en compte ce cas de figure. Par ailleurs, opter pour une analyse à l'aide de tests non paramétriques simplifierait excessivement la situation, ne permettrait pas d'appréhender l'effet des possibles interactions entre facteurs, et empêcherait ainsi tout simplement une analyse globale. Malgré cette source d'erreur potentielle, le choix d'utiliser ce modèle a donc été maintenu.

Bien que l'analyse dans le modèle ait pris en compte les valeurs quantitatives des variables *longueur museau-cloaque* et *indice somatique de graisse*, celles-ci ont été groupées en classes pour une visualisation plus claire sur les représentations graphiques. Ont ainsi été distingués, en ce qui concerne la *longueur museau-cloaque*, a) les subadultes (LMC < 40 cm), b) les adultes (40 cm ≤ LMC < 50 cm), et c) les grands adultes (LMC ≥ 50 cm) ; et pour ce qui est de l'*indice somatique de graisse*, a) les ISG faibles (ISG < 0,02), b) les ISG moyens (0,02 ≤ 0,04), et enfin c) les ISG élevés (ISG ≥ 0,04). Les graphiques d'interactions (représentation classique dans ce type de situation) ont été utilisés pour figurer, mais aussi pour interpréter, l'influence des facteurs significatifs du modèle sur le logarithme des concentrations des métaux.

Traitements statistiques appliqués aux dosages des pesticides – Les différences entre mâles et femelles, relativement à la contamination des tissus par les pesticides, ont été recherchées par des tests de rang non paramétriques de Mann-Whitney-Wilcoxon. Un test d'identité non paramétrique de Kruskal-Wallis a été employé pour appréhender d'éventuelles différences de contamination des varans entre les sites d'échantillonnage. Comme dans le cas des métaux, il a été choisi d'aborder la question des comparaisons multiples par l'utilisation des corrections de Bonferroni. Les possibles corrélations entre les niveaux de contamination dans les tissus et les caractéristiques morphologiques individuelles ont été étudiées à l'aide de tests de corrélation non paramétriques de Spearman.

Enfin, compte tenu de l'importance modérée des effectifs de varans inclus dans l'étude, il a été choisi de représenter les données sous forme de semis de points, autrement dit en figurant tous les points individuellement, et selon la méthode dite *jitter*, qui effectue le décalage des points, permettant ainsi de distinguer facilement les mesures de valeurs égales ou proches.

PARTIE 1 - DOSAGES DE METAUX DANS LES TISSUS DE VARANS PRELEVES DANS LA NATURE

Ce chapitre est divisé en deux sous-parties. La première a fait l'objet d'une publication dans un périodique (Ciliberti et al., 2011, voir référence complète ci-dessous), alors que la seconde n'aura été présentée que dans le cadre du présent manuscrit.

THE NILE MONITOR (*VARANUS NILOTICUS*; SQUAMATA: VARANIDAE) AS A SENTINEL SPECIES FOR LEAD AND CADMIUM CONTAMINATION IN SUB-SAHARAN WETLANDS

Alexandre Ciliberti, Philippe Berny, Marie-Laure Delignette-Muller, Vivian de Buffrénil.

Science of the Total Environment, 409:4735-45, 2011 (DOI: 10.1016/j.scitotenv.2011.07.028)

Article 1

LE VARAN DU NIL (*Varanus niloticus*), ESPECE SENTINELLE POUR LA CONTAMINATION DES ZONES HUMIDES SUB-SAHARIENNES PAR LE PLOMB ET LE CADMIUM

Objectifs

Le but des travaux présentés dans cette publication était d'évaluer l'usage du varan du Nil comme indicateur de la contamination environnementale par le plomb et le cadmium. Y ont ainsi été abordées les questions :

a. de l'importance des niveaux de contamination des tissus par ces deux éléments,

b. de la variabilité interindividuelle de ces concentrations,

c.. de l'interprétation de cette variabilité, pour les quatre sites d'étude, en termes de risque découlant de la contamination environnementale par le plomb et le cadmium.

En écotoxicologie, la notion de *danger* fait uniquement référence aux caractéristiques intrinsèques d'une substance. Elle se distingue de la notion de *risque* qui désigne l'association de ce danger à une exposition.

L'effet du sexe, de la longueur museau-cloaque et de l'indice somatique de graisse sur ces concentrations tissulaires a également été examiné. Par ailleurs, les différences d'aptitude des tissus examinés (pour rappel : foie, rein, partie proximale de l'intestin, muscle squelettique et section diaphysaire du fémur) à concentrer ces deux métaux a été étudiée. Enfin, les effets délétères possibles du plomb et du cadmium sur les varans et sur les êtres humains qui peuvent en consommer la chair ont été considérés en référence aux concentrations tissulaires.

RESULTATS ET DISCUSSION

(Pour plus de détails et pour les références bibliographiques, se référer aux parties « Résultats », Discussion » et « Conclusions » de la publication citée page 85.)

Valeur de l'outil et contamination des sites — Cette étude est la première qui ait abordé la contamination des tissus de varans du Nil par des métaux. Conformément à ce que laissait entendre la rareté de sources de pollution par le plomb et le cadmium au Mali et au Niger, les concentrations de ces éléments se sont révélées généralement faibles dans les tissus des varans, mais toutefois quantifiables. Notons que la corrélation positive entre les niveaux du plomb et ceux du cadmium incite à penser que la contamination n'est pas d'origine naturelle, mais anthropique.

Bien que les niveaux retrouvés dans les tissus des varans se soient généralement révélés bas, certains individus présentaient des charges tissulaires bien supérieures aux valeurs médianes (notamment pour le plomb). Or, le niveau de contamination d'un individu donné est le résultat de la combinaison d'un grand nombre de facteurs qu'il est possible de classer en deux groupes :

- les facteurs intrinsèques qui peuvent être soit : propres à l'individu, *e.g.* le sexe, l'âge, la taille, le statut reproducteur, la condition physique, le degré de parasitisme, etc. ; soit propres à l'espèce ou à la population, *e.g.* le régime alimentaire, l'habitat, la taille maximale spécifique, l'âge de première reproduction, etc.

- les facteurs extrinsèques ou relatifs à l'environnement : *e.g.* la concentration des contaminants dans différents compartiments (biotiques ou abiotiques) de l'écosystème, les paramètres physicochimiques des biotopes, la présence combinée de plusieurs espèces chimiques, etc.

Cependant, le niveau de contamination d'un varan découle aussi d'événements stochastiques liés à l'histoire d'exposition de chaque individu. A titre d'exemple, un spécimen peut ingérer une proie contenant des plombs de chasse et par suite présenter des niveaux de contamination au plomb bien plus élevés que d'autres spécimens, pourtant comparables et capturés sur la même zone. Lorsque de telles situations se produisent, le niveau de contamination général propre à un échantillon de plusieurs animaux se trouve indéniablement décalé vers des valeurs plus élevées. C'est pourquoi l'utilisation des valeurs médianes a été préférée à celle des valeurs moyennes, lesquelles s'avèrent trop sensibles au «poids» des individus exceptionnels ou aberrants. D'un point de vue méthodologique, la conséquence principale de ce constat est que les concentrations tissulaires individuelles reflètent, lorsqu'elles sont considérées une à une, le *risque* associé à une zone, en y incluant de possibles aléas stochastiques. En revanche, ce sont les valeurs médianes découlant de l'analyse des tissus provenant d'un nombre considérable d'individus qui peuvent, le mieux, nous renseigner sur la *contamination environnementale* relative à un site donné.

Cette contrainte méthodologique est propre à toute espèce sentinelle. L'utilisation du varan du Nil est d'autant plus pertinente qu'un nombre considérable de spécimens peut être prélevé régulièrement en tirant profit de la chasse. De plus, l'espèce étant sédentaire, la survenue d'événements stochastiques est limitée, au moins comparativement aux espèces migratrices.

Comme il a déjà été dit, chez le varan du Nil, les territoires sont de surface réduite. La résolution spatiale de cet indicateur est donc potentiellement très fine, et se rapporte finalement à la surface couverte par l'ensemble des territoires des spécimens inclus dans chaque échantillon, soit dans la présente étude une zone de cinq kilomètres carrés tout au plus.

Les valeurs médianes des concentrations en métaux dans les tissus représentent le résultat de l'intégration par les varans de la contamination des différents compartiments de l'écosystème. Au vu des résultats, les quatre sites d'échantillonnage ne semblent donc pas présenter de risque remarquable en ce qui concerne le plomb et le cadmium. Les valeurs les plus faibles sont bel et bien retrouvées au site témoin. Les varans du Niger sont globalement plus contaminés que ceux du Mali. Les varans de Niamey, site pourtant supposé le plus lourdement contaminé par les métaux (tout du moins par le plomb), semblent moins contaminés que ceux de Diffa ; mais l'échantillon de varans capturés à Niamey compte peu d'individus (sept seulement).

Contamination des tissus – Bien que les charges tissulaires soient relativement faibles chez les varans de cette étude, la hiérarchie des concentrations en métaux respecte celle décrite chez d'autres reptiles :

- Plomb :   pour les mâles :   os > [rein, intestin, foie] > muscle
            pour les femelles :   [os, rein] > [intestin, foie] > muscle

- Cadmium : pour les deux sexes : [foie, intestin, rein] > [os, muscle]

Ces tendances générales divergent par rapport aux données précédentes en deux points : 1) Il est inhabituel de trouver les niveaux de contamination individuelle au plomb les plus élevés dans un tissu autre que l'os, or chez certains individus, les concentrations maximales ont été mesurées dans l'intestin. 2) Bien que les niveaux individuels maximums de plomb aient toujours été plus importants dans l'os que dans le rein, la valeur médiane des concentrations rénales s'est avérée la plus élevée chez les femelles du Niger. Ces deux irrégularités demeurent sans explication.

Ce travail n'a pas abordé en détail les aspects temporels de la contamination des tissus. Les résultats obtenus ici sont néanmoins en accord avec ceux d'autres études sur des squamates de plus petite taille (Trinchella et al., 2006 ; Mann et al., 2007). Celles-ci montrent en effet que le cadmium s'accumule préférentiellement dans l'intestin, et reste pendant un long moment dans le foie à des niveaux plus importants que dans le rein. Ce dernier tissu serait en définitive l'organe final d'accumulation du cadmium à long terme. Chez les varans de cette étude, le quotient $[Cd]_{rein}$ / $[Cd]_{foie}$ est plus élevé que chez les espèces plus petites étudiées dans les travaux évoqués plus haut. Cette différence peut s'expliquer par le fait que chez les varans, animaux longévives, la concentration rénale en cadmium résulte d'un processus d'accumulation plus long que chez les espèces à durée de vie inférieure. Ceci serait cohérent avec l'hypothèse de Mann et al. (2007) selon laquelle le quotient $[Cd]_{rein}$ / $[Cd]_{foie}$ tend à augmenter progressivement au cours d'une longue période d'exposition, jusqu'à ce que le rein soit finalement le tissu le plus chargé, comme c'est le plus souvent le cas chez les autres taxons de vertébrés. La cinétique de l'accumulation du cadmium dans les différents tissus des squamates mérite d'être considérée avec une attention accrue à l'avenir.

Influence du sexe – L'influence de ce facteur a déjà été abordée dans quelques études, mais reste un point à examiner plus en détail. Dans l'échantillon analysé ici, les femelles sont d'une manière générale plus contaminées que les mâles.

Cet écart pourrait refléter une différence de régime alimentaire entre mâles et femelles. En effet, les animaux vivant dans la litière ou les sédiments (annélides, arthropodes, mollusques) sont particulièrement susceptibles d'accumuler des métaux à cause de la contamination de leur habitat. Les varans femelles grandissent moins vite que les mâles, et se nourrissent donc plus longtemps de ce type de proies. Elles pourraient se trouver ainsi plus contaminées que les mâles.

Une autre explication ferait appel à des différences d'absorption intestinale. Chez l'homme, l'absorption du plomb, et surtout du cadmium, est plus importante quand les stocks physiologiques de fer sont à des niveaux bas. Ce phénomène peut également exister chez les reptiles. Or les deux sexes peuvent présenter des niveaux de fer différents, notamment si l'on compare les mâles aux femelles gravides qui peuvent transférer à leur ponte une part considérable des éléments essentiels présents dans leur organisme. Il pourrait résulter de ce processus une contamination supérieure des tissus chez les femelles. On remarquera toutefois que la différence de contamination entre sexes est particulièrement marquée dans le rein ; observation que les deux hypothèses précédentes ne peuvent expliquer.

Une troisième hypothèse impliquant l'affinité élevée entre le cadmium et les récepteurs aux œstrogènes pourrait répondre à cette question. Ces récepteurs sont présents dans le cortex rénal chez le rat, mais leur abondance varie entre mâles et femelles. Si une situation comparable existait chez le varan du Nil, elle pourrait expliquer le surcroît de contamination des reins des femelles, au moins pour le cadmium.

Influence des variables morphométriques – De manière surprenante, l'accumulation du plomb dans les tissus des varans ne semble pas dépendre de la taille (et donc de l'âge) des individus, pas même dans le cortex diaphysaire des os longs, tissu pourtant reconnu comme le meilleur pour l'accumulation de cet élément. Le schéma de croissance des os longs peut contribuer à expliquer cette observation. Les os longs ne subissent pas de remaniement haversien ni de résorption intracorticale. Par contre, au cours de la croissance, une résorption périmédullaire se produit, qui détruit les couches osseuses les plus anciennes, formées lorsque les varans s'alimentaient surtout des proies potentiellement plus contaminées (annélides, arthropodes ou mollusques ; voir plus haut). Ainsi au cours de la croissance, les couches corticales susceptibles d'être les plus contaminées seraient progressivement éliminées. A l'inverse, les couches formées à des stades ontogéniques plus tardifs seraient moins sujettes à la contamination dans la mesure où le régime alimentaire des varans inclurait, alors, une moindre proportion de proies fortement contaminées. De plus, l'importance de la vascularisation du cortex des os diminue avec le temps ; il est ainsi probable que l'apport sanguin de contaminants dans les couches corticales tardives (*i.e.* périphériques) soit réduit.

En ce qui concerne le cadmium, il existe une corrélation positive entre les concentrations hépatiques et la taille des varans, ce qui constitue un nouvel élément témoignant en faveur de la possibilité d'une bioaccumulation de ce métal. Toutefois, l'absence de corrélation significative entre taille et concentrations en cadmium dans les autres tissus, notamment dans le rein, reste énigmatique. Par ailleurs, on remarque (sans toutefois l'expliquer) que les concentrations de cadmium dans les trois tissus les plus chargés (intestin, rein, foie) sont corrélées positivement à l'indice de graisse somatique.

Effets de la contamination sur les varans – Le risque que les varans les plus contaminés soient morts, et donc n'aient pas été pas inclus dans cette étude, aurait pu constituer un biais d'échantillonnage important. Toutefois, les niveaux retrouvés dans les tissus d'autres varanidés montrent que le genre *Varanus* semble pouvoir supporter des charges tissulaires de plomb incomparablement plus élevées que celles mesurées lors de cette étude (voir aussi la Partie 4 du présent document). Par ailleurs, des travaux sur d'autres autarchoglosses que les varans ont montré que des expositions aiguës ou chroniques au cadmium pouvaient être supportées sans accroissement de mortalité. Même si l'extrapolation de ces résultats à d'autres espèces doit être faite avec prudence, il est peu probable que des varans du Nil soient morts à cause de la contamination environnementale au plomb ou au cadmium. En général, les valeurs obtenues dans cette étude sont inférieures à celles mesurées dans des tissus similaires chez d'autres reptiles sauvages. Finalement, la comparaison de nos résultats avec les données précédentes ne suggère l'existence d'aucun danger manifeste pour les varans eux-mêmes.

Au-delà d'une éventuelle toxicité directe, les effets de la contamination peuvent se manifester à travers des changements dans les schémas individuels d'allocation de l'énergie (*e.g.* élévation du taux métabolique).

Effets de la contamination sur les consommateurs de viande de varan – Les charges de plomb et de cadmium dans le muscle (jamais plus de 300 $ng.g^{-1}$ et 15 $ng.g^{-1}$, respectivement) ne témoignent d'aucun danger évident pour la santé de consommateurs occasionnels de viande de varan. Toutefois, certaines populations, comme les chasseurs professionnels, peuvent manger du varan sur une base quotidienne. Dans ces conditions, la contamination du muscle aux niveaux mesurés lors de ce travail peut représenter un risque non négligeable pour la santé des consommateurs. En effet, des concentrations similaires dans l'alimentation de mammifères peuvent provoquer des d'atteintes neurologiques ou comportementales.

CONCLUSIONS

Les dosages de plomb et de cadmium dans les tissus de varans peuvent révéler des différences de contamination environnementale fines, même entre des sites qui ne présentent qu'une faible contamination environnementale. Dans le cas des métaux, l'utilité pratique de l'emploi du varan du Nil en tant qu'espèce sentinelle se trouve donc validée. L'échantillonnage peut inclure indifféremment des mâles ou des femelles adultes, à condition que le tissu employé pour les dosages soit l'os pour les mesures de plomb et l'intestin pour les mesures de cadmium. Ces tissus présentent en effet des niveaux de contamination relativement hauts, qui sont peu influencés par le sexe ou la taille des individus, mais dépendent du site d'échantillonnage.

RESULTATS COMPLEMENTAIRES NON PUBLIES PAR AILLEURS
RECHERCHE D'INDICES NON-DESTRUCTEURS

OBJECTIFS

En plus des cinq tissus analysés dans l'article présenté ci-dessus (foie, rein, intestin, muscle, os), quatre autres types d'échantillons ont été recueillis : peau, lambeaux de mue, morceaux de crête caudale et griffes. Ces quatre tissus présentent la particularité de pouvoir être prélevés sans que l'animal dont ils proviennent soit tué ; ils seront désignés ici comme « indices non destructeurs » ou IND. Le but de cette analyse complémentaire était de rechercher d'éventuelles corrélations significatives entre, d'une part, les concentrations en métaux des IND et, d'autre part, les concentrations observées dans les principaux tissus cibles (os pour le plomb ; rein, intestin et foie pour les deux métaux) ou dans le muscle, tissu consommé par l'homme.

Ce travail n'a été réalisé que sur les échantillons provenant du Niger. En effet, les spécimens nigériens se sont, en général, avérés être les plus chargés en plomb et en cadmium dans le foie, l'intestin, les reins, l'os et le muscle.

Les procédures analytiques employées pour les IND sont identiques à celles qui ont été utilisées pour les autres tissus. Les comparaisons ont reposé sur des tests de corrélation non paramétriques de Spearman, sous le logiciel R.

RÉSULTATS, DISCUSSION ET CONCLUSIONS

Les valeurs des concentrations en plomb et en cadmium dans les IND sont présentées dans le tableau 3.

Tableau 3 : Valeurs médianes, minima et maxima des concentrations (en ng.g^{-1}) de plomb et de cadmium dans les indices non destructeurs (IND) provenant des varans du Niger

en ng.g^{-1}		Médiane	Minimum	Maximum
Peau	Pb	127,85	< qt	1886,32
	Cd	6,15	< qt	125,87
Mue	Pb	216,35	67,06	2270,87
	Cd	19,69	5,28	1762,99
Crête caudale	Pb	216,00	66,03	4029,37
	Cd	7,33	< qt	22,28
Griffes	Pb	333,97	< qt	4831,28
	Cd	36,70	< qt	131,41

Parmi l'ensemble des résultats de cette étude, la concentration individuelle de plomb la plus importante pour un tissu donné a été mesurée dans les griffes d'un varan de Diffa (4831,28 ng.g^{-1}). D'un point de vue plus général, des concentrations en plomb et en cadmium non négligeables ont été mesurées dans les IND. Leurs valeurs médianes sont du même ordre de grandeur que celles correspondant aux autres tissus.

Néanmoins, aucune corrélation significative n'a pu être mise en évidence entre les IND et les autres tissus.

A l'inverse, on détecte des corrélations significatives entre les concentrations mesurées dans certains tissus autres que les IND. C'est le cas pour le plomb entre le foie et le rein ($p < 0.006$, $\rho = + 0.34$) et entre le rein et le muscle ($p < 0.005$, $\rho = + 0.35$), et pour le cadmium entre le foie et le rein ($p < 5.10^{-9}$, $\rho = + 0.66$), entre le foie et l'intestin ($p < 0.02$, $\rho = + 0.30$) et entre le rein et l'intestin ($p < 0.02$, $\rho = + 0.30$), soit pour ce dernier métal entre les trois tissus les plus contaminés. De plus, d'une manière générale, les nuages de points indiquent une tendance cohérente entre la charge des différents tissus ; mais à l'exception des cinq corrélations citées précédemment, aucune n'est statistiquement significative.

Bien que les concentrations dans les tissus qui constituent les cibles principales des métaux tendent à être corrélées, il semble que la contamination par le plomb et le cadmium demeure trop faible pour que puissent émerger des corrélations impliquant des tissus qui ne sont pas normalement les cibles privilégiées des contaminants, comme les IND. Les fonctions d'organes « filtres » du foie et des reins, d'absorption et de transfert de l'intestin, et de stockage à long terme (pour le plomb) de l'os en font des tissus très différents des IND, qui sont eux plutôt caractérisés par une vascularisation réduite et une teneur en kératine élevée (tout au moins pour ce qui est de la crête caudale, des mues et des griffes). A un faible niveau de contamination, ces importantes différences structurales et fonctionnelles sont probablement à l'origine de la tendance chaotique que présentent les relations entre les charges mesurées dans ces deux groupes de tissus.

Les concentrations substantielles de plomb et de cadmium mesurées dans les IND incitent à penser que la mue ou encore l'usure des griffes constitueraient des voies possibles d'excrétion des polluants métalliques. Jones et Holladay (2006) ont pu tirer des conclusions similaires d'un travail sur des mues de serpent auxquels ils avaient administré *via* la nourriture des doses cohérentes avec les niveaux environnementaux moyens de plomb, de cadmium et de mercure.

PARTIE 2 - DOSAGES DE PESTICIDES DANS LES TISSUS DES VARANS PRELEVES DANS LA NATURE

Les échantillons utilisés ici proviennent des mêmes individus que ceux employés pour le dosage des métaux. Par ailleurs, comme le chapitre précédent, cette partie est divisée en deux sous parties : la première a été publiée dans un périodique (Ciliberti et al., 2012, voir référence complète ci-dessous), la seconde est inédite.

ASSESSING ENVIRONMENTAL CONTAMINATION AROUND OBSOLETE PESTICIDE STOCKPILES IN WEST AFRICA:

USING THE NILE MONITOR (*VARANUS NILOTICUS*) AS A SENTINEL SPECIES

Alexandre Ciliberti, Philippe Berny, Danielle Vey, Vivian de Buffrénil.

Environmental Toxicology and Chemistry, 31(2):387–94, 2012 (DOI: 10.1002/etc.731)

ARTICLE 2

EVALUATION DE LA CONTAMINATION ENVIRONNEMENTALE PRES D'UN SITE DE STOCKAGE DE PESTICIDES (DIELDRINE ET PARATHION) OBSOLETES EN AFRIQUE DE L'OUEST : L'EMPLOI DU VARAN DU NIL (*Varanus niloticus*) COMME ESPECE SENTINELLE

OBJECTIFS

Le stockage de pesticides obsolètes représente au Mali un sujet d'inquiétude majeur. Les varans originaires de Niono-Molodo ont été prélevés aux alentours d'un site de stockage de dieldrine (un pesticide organochloré) et de parathion (un organophosphoré), seulement trois mois après l'enlèvement des fûts qui contenaient ces produits. L'hypothèse sous-jacente était que l'environnement autour de ce site était fortement contaminé par les fûts de pesticides qui y ont séjourné pendant plusieurs années à l'air libre.

L'objectif de ce travail était donc, là encore, d'évaluer la valeur du varan du Nil en tant qu'indicateur de la contamination environnementale, non plus par des métaux, mais cette fois par des pesticides. Notre stratégie d'investigation était de comparer, par la recherche d'un grand nombre de pesticides organochlorés et organophosphorés, la contamination environnementale de quatre zones d'étude, aux profils de contamination *a priori* différents. Nous avons également recherché d'éventuelles corrélations entre les teneurs en pesticides de divers tissus et les caractéristiques individuelles des varans.

RESULTATS ET DISCUSSION

(Pour plus de détails et pour les références bibliographiques, se référer aux parties « résultats », discussion » et « conclusions » de la publication citée page 101.)

Risques liés aux stocks de pesticides obsolètes – Le résultat le plus important de cette étude est que le stockage durable de dieldrine et de parathion à Niono/Molodo n'a pas causé de contamination environnementale sévère, contrairement à ce que l'on pouvait craindre. Les caractéristiques physicochimiques de la dieldrine (persistance, bioaccumulation, bioamplification) impliquent que, si une contamination environnementale importante avait été à déplorer, les dosages auraient révélé la présence de cette molécule. En ce qui concerne le parathion, la volatilisation de ce composé est faible et des facteurs de bioconcentration considérables existent chez certains groupes d'animaux entrant dans le régime alimentaire des varans. De plus, c'est un des composés organophosphorés parmi les plus fréquemment détectés dans les tissus des reptiles (Hall, 1980 ; Campbell et Campbell, 2000). Ainsi, comme pour la dieldrine, si une contamination environnementale importante par le parathion avait été à déplorer, les dosages l'auraient très certainement mise en évidence (ce qui n'est pas nécessairement le cas pour tous les organophosphorés ; voir à ce sujet la Partie 4 du présent document).

Il convient de préciser que compte tenu du régime alimentaire très varié des varans et dans l'éventualité d'une contamination environnementale avérée, la possibilité que les 18 individus prélevés sur ce site aient tous évité de manger des proies contaminées par la dieldrine ou le parathion est très improbable. De même, comme pour les métaux, l'hypothèse que les varans les plus contaminés aient pu mourir précocement, et ainsi aient pu ne pas figurer dans l'échantillon, doit être discutée. Il est connu, en effet, que certains squamates sont très sensibles au parathion (Fryday et Thompson, 2009 ; Hall et Clark, 1982) ; toutefois, comme il a déjà été dit, des études menées chez d'autres espèces ont mis en évidence des niveaux quantifiables de ce composé, dont les valeurs sont comprises dans notre gamme de détection. C'est une autre étude, datée de juillet 2008, qui défend le mieux les conclusions que nous tirons du présent travail : des dosages de dieldrine et de parathion effectués dans le sol autour du site de stockage de Niono-Molodo ont révélé une chute spectaculaire des concentrations de ces deux substances dès que l'on s'éloigne de quelques mètres du point où les fûts étaient accumulés. L'hypothèse d'une faible contamination environnementale est donc, selon ces données, plus plausible que celle évoquant une mortalité particulière des varans contaminés.

Contamination des sites – Une gamme très réduite de contaminants a été retrouvée sur chaque site, et seuls le 4,4'-DDE, le 4,4'-DDD et le malathion sont présents à des concentrations significatives dans l'échantillon. Une plus grande variété de composés était attendue, surtout à Niamey. Flabougou, le site témoin, s'est effectivement avéré le moins contaminé de tous, et pourra à l'avenir être de nouveau utilisé comme site de référence lors d'études écotoxicologiques en Afrique de l'ouest.

Des résidus de 4,4'-DDE ont été retrouvés sur les quatre sites, dans 70% des varans de l'échantillon global. Mais les dosages sur les tissus des varans de Niono-Molodo et de Niamey ont révélé des teneurs en 4,4'-DDE significativement supérieures à celles de Diffa et de Flabougou. Tous les varans de ces deux sites (sauf un spécimen) contenaient du 4,4'-DDE, alors que la moitié des varans des deux autres sites n'en présentaient pas de traces à des niveaux détectables. Seuls les varans du Niger renfermaient des traces de 4,4'-DDD (cinq individus, dont quatre à Niamey) et de malathion (seize individus).

En comparaison avec les données disponibles sur la contamination des reptiles, les concentrations d'OC mesurées dans les tissus des varans de la présente étude sont basses et variables d'un individu à l'autre à Niono/Molodo et à Niamey, et basses et relativement constantes à Diffa et Flabougou. L'interprétation des niveaux de malathion est en revanche plus délicate, en raison du manque de données dans la littérature concernant ce composé en particulier. Les comparaisons avec les charges tissulaires mesurées pour d'autres OP chez des reptiles suggèrent l'existence d'une contamination de faible importance, mais toute généralisation reste hasardeuse. On sait par ailleurs, indépendamment des mesures de concentrations tissulaires, que de faibles doses administrées expérimentalement à des squamates peuvent avoir des effets délétères considérables. La question des niveaux de malathion dans les tissus des varans de cette étude reste donc à élucider. Par ailleurs, au-delà de la question des concentrations de malathion, le simple fait de détecter ce pesticide suggère qu'il est toujours utilisé de nos jours. Son emploi étant depuis 2009 interdit au Niger, cette utilisation est donc illégale.

Le fait qu'aucun pesticide, parmi ceux répandus de nos jours sur les sites d'échantillonnage, n'ait été détecté, n'est pas spécialement surprenant. En effet, les composés utilisés sont très peu persistants dans les conditions d'utilisation qui prévalent à Niono/Molodo ou à Diffa.

Le niveau apparemment faible de la contamination environnementale mesurée sur ces deux sites témoigne d'une utilisation raisonnable des produits phytosanitaires, qu'il s'agisse des quantités utilisées ou de la nature même des produits. On remarquera en particulier l'absence du 4,4'-DDT dans l'échantillon. Seuls ses métabolites, le 4,4'-DDD et le 4,4'-DDE, ont été détectés. Ce résultat atteste qu'aucun usage déraisonnable du DDT n'a eu lieu récemment. En bref, les données résultant de cette étude indiquent un statut écotoxicologique satisfaisant des quatre sites d'étude, en ce qui concerne la contamination environnementale par les OC et les OP.

Variabilité interindividuelle et différences entre sites — Aucune différence entre la contamination des mâles et celle des femelles n'a été mise en évidence. En revanche, la contamination des varans diffère de façon statistiquement significative entre les zones d'échantillonnage.

Comme pour le plomb et le cadmium, la variabilité interindividuelle des concentrations tissulaires de pesticides est considérable au sein de l'échantillon, même entre individus du même site ; certains spécimens présentent des niveaux très supérieurs à la médiane du groupe auquel ils appartiennent. Ces observations confirment que les varans ne sont pas exposés à la pollution de manière uniforme, ce qui renforce l'hypothèse selon laquelle leur utilisation peut fournir des renseignements géographiquement très précis.

L'une des principales explications de cette variabilité entre individus et entre sites concerne le régime alimentaire. Celui-ci varie avec la taille / l'âge des varans. Or, les différents types de proies ne sont pas également exposés aux contaminants environnementaux. Des varans de tailles différentes sont donc susceptibles d'ingérer des proies plus ou moins contaminées. Par ailleurs, comme pour les métaux, l'intervention d'événements stochastiques peut influencer les résultats en modifiant considérablement les charges tissulaires individuelles et en accroissant de ce fait la variabilité entre individus. L'interprétation de cette variabilité est la même que pour les métaux : les valeurs indiquées par un individu précis se rapportent à ses caractéristiques propres et à son histoire d'exposition. En revanche, les valeurs médianes déterminées à partir d'un échantillon comprenant un nombre d'individus significatif correspondent à l'intégration de la contamination environnementale dans les différents éléments de l'écosystème. La résolution spatiale de l'indication est réduite à la surface recouverte par les territoires des divers individus inclus dans l'échantillon en question.

Charges en pesticides et caractéristiques des varans – Le peu de valeurs obtenues avec le 4,4'-DDD a prescrit son inclusion dans les tests de corrélation. En ce qui concerne le 4,4'-DDE et le malathion, seules les valeurs provenant des individus capturés sur les sites les plus pollués ont été utilisées, c'est-à-dire Niono-Molodo et Niamey pour le 4,4'-DDE et Diffa et Niamey pour le malathion. Les seules corrélations remarquables sont les suivantes : les concentrations de 4,4'-DDE sont positivement corrélées à la longueur museau-cloaque ($p < 0,05$, $\rho = + 0.41$), à la masse corporelle ($p < 0,03$, $\rho = + 0.44$) et à l'indice de condition physique ($p < 0,02$, $\rho = + 0.48$), mais pas à la masse absolue de tissu adipeux abdominal, ni à l'indice de graisse somatique.

L'absence de relation négative entre les charges en contaminants et les indices de santé des animaux (ICP et ISG) suggère qu'il n'existe pas d'effet délétère majeur sur l'état de santé des varans qui soit causé par la présence du 4,4'-DDE ou du malathion dans leurs tissus. Par ailleurs, on sait d'une part que les pesticides organochlorés s'accumulent préférentiellement dans les graisses (ce que confirment les présents travaux), et d'autre part que les varans consomment leur graisse abdominale pendant la quiescence annuelle, libérant alors la charge en organochlorés de ce tissu dans leur organisme. Cette situation pose la question du devenir de ces polluants à ce moment précis. Quoi qu'il en soit, l'existence d'une corrélation positive entre la charge en 4,4'-DDE du tissu adipeux et la taille ou la masse corporelle des varans suggère qu'une part considérable des organochlorés est stockée dans du tissu adipeux nouvellement formé au lieu d'être excrétée. Cette caractéristique renforce la valeur du varan du Nil en tant qu'espèce sentinelle pour l'indication de l'exposition aux organochlorés.

CONCLUSIONS

Cette étude indique que les pesticides obsolètes ne constituent pas nécessairement une menace importante pour l'environnement autour des sites de stockage. Néanmoins, le stockage de pesticides obsolètes demeure un problème majeur dans de nombreuses situations. Le développement d'outils efficaces permettant d'évaluer la biodisponibilité des polluants entreposés et de caractériser les risques qu'ils représentent pour l'environnement et les êtres humains est un défi majeur pour le futur. Dans ce contexte, le varan du Nil se révèle être un outil écologique efficace, bien adapté à l'Afrique sub-saharienne, et particulièrement utile pour indiquer l'importance de la contamination environnementale dans les écosystèmes d'importance majeure que sont les zones humides.

RESULTATS COMPLEMENTAIRES NON PUBLIES PAR AILLEURS

AUTRES DOSAGES DE PESTICIDES SUR LES VARANS PRELEVES DANS LA NATURE

Les 23 pesticides organochlorés dosés dans le tissu adipeux et les 18 organophosphorés dosés dans le foie des varans sauvages ont également été recherchés dans de nombreux autres tissus, comme l'indique le tableau 4.

Tableau 4 : *Liste exhaustive des tissus utilisés pour les dosages des organochlorés et des organophosphorés chez les varans prélevés dans la nature*

	Tissus utilisés pour les dosages
Pesticides organochlorés	Tissu adipeux
	Foie
	Rein
	Muscle
Pesticides organophosphorés	Foie
	Rein
	Muscle

Toutefois, les résultats des dosages autres que ceux des organochlorés dans le tissu adipeux et des organophosphorés dans le foie se sont systématiquement révélés négatifs. Il est probable que la contamination environnementale soit trop faible pour induire la contamination, à des concentrations détectables, de tissus qui ne sont pas les cibles principales de ces polluants.

PARTIE 3 - CONCLUSIONS RELATIVES AUX VARANS SAUVAGES

Les travaux présentés ci-dessus confirment la valeur du varan du Nil comme espèce sentinelle pour l'étude de la contamination des zones humides d'Afrique sub-saharienne par des métaux et des pesticides organochlorés et organophosphorés. Cet outil permet en effet de révéler des différences de contamination environnementale entre zones distinctes, même si celles-ci sont peu contaminées. Toutefois, en raison de l'influence de certains facteurs individuels (sexe, taille / âge), de l'évolution du régime alimentaire au cours de la vie des individus, et de l'existence de facteurs stochastiques, la qualité de l'indication varie selon le nombre de spécimens inclus dans l'échantillon. Plus l'effectif sera considérable, plus les résultats s'affranchiront de l'influence des valeurs extrêmes. L'utilisation d'échantillons de taille importante est donc nécessaire pour donner une image de la pollution conforme à la réalité. A ce titre, le varan du Nil constitue un outil des plus intéressants en raison de son abondance et de la régularité de l'exploitation qu'il subit.

Il apparaît que cet indicateur présente une résolution spatiale fine, correspondant à la surface globale des territoires de l'ensemble des individus qui constituent un échantillon local. Par son comportement alimentaire opportuniste, le varan du Nil représente par ailleurs un intégrateur de la contamination environnementale à laquelle sont exposés les grands taxons zoologiques (annélides, mollusques, vertébrés) qui entrent dans son alimentation.

Nos travaux confirment que le varan du Nil peut accumuler des pesticides organochlorés et organophosphorés, le plomb et le cadmium. Ce constat permet d'envisager l'étude d'un grand éventail de polluants. De plus, il est possible de détecter les substances évoquées ci-dessus sur une large gamme de concentrations. En effet, le varan du Nil ne semble pas affecté par les niveaux de contamination correspondant à la présente étude (voir plus loin les résultats sur des varans captifs qui corroborent cette conclusion : résistance exceptionnelle au Pb et OCs).

Ce travail a permis de préciser comment certaines caractéristiques individuelles pouvaient influencer l'accumulation de polluants dans les tissus du varan du Nil. Il contribue ainsi à mieux comprendre les règles et conditions de l'emploi de cette espèce comme sentinelle, notamment en ce qui concerne l'échantillonnage (en raison des différences entre sexes et entre classes d'âge) et le choix du tissu à privilégier pour doser tel ou tel polluant. Rappelons qu'aucune corrélation entre les charges en plomb dans le tissu osseux et l'âge des varans n'a été mise en évidence. Ce résultat reste surprenant, et malgré l'explication déjà apportée, nous suggérons de considérer la possibilité que cette absence de corrélation soit due au fait que les dosages ont été conduits sur un petit nombre d'individus sauvages. Quoi qu'il soit, il convient désormais d'accorder une attention particulière au développement des indices non destructeurs, qui permettront d'inclure un plus grand nombre de spécimens dans les échantillons sans le souci de la conservation des populations de varans.

PARTIE 4 - ETUDE EXPERIMENTALE

Cette étude a fait l'objet d'une évaluation par le comité d'éthique de VetAgro Sup et a reçu un avis favorable (n°1035). Les résultats ont également été publiés dans un périodique (ciliberti et al., 2013).

EXPERIMENTAL EXPOSURE OF JUVENILE SAVANNAH MONITORS (*VARANUS EXANTHEMATICUS*) TO AN ENVIRONMENTALLY RELEVANT MIXTURE OF THREE CONTAMINANTS: EFFECTS AND ACCUMULATION IN TISSUES

Alexandre Ciliberti, Samuel Martin, Eric Ferrandez, Sara Belluco, Benoit Rannou, Céline Dussart, Philippe Berny, Vivian de Buffrénil

Environmental Science and Pollution Research, 20(5):3107-3114, 2013

VERS UNE APPROCHE EXPERIMENTALE

D'une manière générale, les 57 varans prélevés à Niono/Molodo, Diffa et Niamey se sont avérés moins contaminés que ce que l'on avait initialement supposé. Plusieurs hypothèses, dont certaines ont déjà été évoquées dans les conclusions exposées plus haut, sont susceptibles d'expliquer cette situation :

- 1) La contamination environnementale associée aux trois zones supposées polluées est moins importante que ce qu'on avait initialement envisagé. Deux alternatives peuvent expliquer cette première possibilité : soit les sources de pollution sont peu susceptibles d'introduire les contaminants dans le milieu ; soit les polluants sont bien rejetés, mais sont rapidement dégradés, transformés en une forme non assimilable, fixés dans des éléments de l'écosystème qui ne permettent pas leur entrée dans les réseaux trophiques ou encore transportés loin des sources présentes sur les sites d'échantillonnage.

- 2) La contamination environnementale est bien réelle, voire importante, mais le varan du Nil ne la révèle que dans des proportions modestes. Il est en effet possible que certains polluants ne soient que peu (ou pas) absorbés au niveau de la muqueuse intestinale des varans. Il est encore envisageable qu'ils soient absorbés mais rapidement excrétés (au lieu d'être stockés dans les tissus dans lesquels les dosages ont été conduits). Enfin, il se peut que les animaux les plus exposés aient été si sévèrement contaminés qu'ils en soient morts, et n'aient donc pas été inclus dans les échantillons.

Afin de contribuer à élucider, sur une base peu contestable, la question de la faible contamination des tissus des spécimens sauvages, un protocole d'expérimentation a été mis en place sur des varans maintenus en captivité. Cette étude comportait trois objectifs principaux :

i) Savoir si les varans absorbent effectivement certains polluants appartenant aux mêmes familles chimiques que ceux retrouvés chez les individus sauvages et dans quelles proportions ils les accumulent dans leurs tissus ;

ii) Vérifier que les varans peuvent survivre à des doses correspondant aux concentrations que l'on peut mesurer dans des animaux entrant dans le régime alimentaire des varans ;

iii) Valider l'usage d'indices non destructeurs, au moins en ce qui concerne le plomb.

D'autres objectifs, plus secondaires, ont également été poursuivis : vérifier les organotropismes à doses plus importantes, accéder grossièrement aux aspects temporels de l'accumulation des polluants dans les tissus et évaluer les effets des contaminants sur quelques paramètres biologiques.

(Un article de recherche présentant en détail les méthodes et les résultats de cette étude est en cours d'achèvement. La suite de l'exposé en résume les points essentiels. Matériels et méthodes)

MATERIEL ET METHODES

Choix de l'espèce - Le protocole d'expérimentation a été mis en place sur une espèce de varan proche du varan du Nil : le varan de savane (*V. exanthematicus*) que tous les cladogrammes, qu'ils soient à base morphologique (*cf.* Böhme 2003, Koch et al. 2010 ; Pianka & King 2004) ou génétique (Ast, 2001), désignent comme l'espèce sœur du groupe *niloticus – ornatus*, au sein du sous-genre africain *Polydaedalus*. Des difficultés d'ordre réglementaires ont en effet proscrit l'utilisation de varans du Nil : les lots disponibles pour cette espèce étaient en effet composés d'individus sans lien de parenté, d'âges très variables (jusqu'à 10 mois de différence) et surtout prélevés après qu'ils aient vécu à l'état sauvage durant au moins quelques semaines, temps suffisant à ce qu'ils soient éventuellement exposés aux composés faisant l'objet de cette expérimentation. Pour ces raisons, il a été choisi de travailler plutôt avec un lot de varans de savane, issus d'une même ponte, nés en captivité et importés en France rapidement (moins de deux semaines) après leur naissance.

Caractéristiques spécifiques du varan de savane – Le varan de savane fait partie, avec le varan du Nil et d'autres varans de la radiation africaine, du sous-genre des Polydædalus. L'aire de répartition du varan de savane s'étend approximativement de l'équateur au 18e parallèle, sur presque toute la largeur de l'Afrique, du Sénégal et de la Gambie jusqu'en Ethiopie.

Le varan de savane est gris à jaune sable, avec éventuellement la présence d'ocelles plus claires ou orangées en position dorsale. L'arrière de la tête est recouvert d'écailles nucales épaisses et rugueuses. Il présente une morphologie proportionnellement plus robuste que le varan du Nil. La tête est moins élancée, et se termine par une cassure de l'angle du profil (d'où son surnom de *gueule tapée* dans certains pays d'Afrique de l'ouest). Le museau est donc plus court. Il ne présente pas d'adaptation particulière au milieu aquatique ; la queue est dépourvue de l'aplatissement latéral sur l'arête dorsale (pas de crête caudale). Elle est relativement courte par rapport à celles des autres varans et ne dépasse pas la longueur du corps. Les plus grands individus pourraient atteindre 200 cm. Il est toutefois peu probable de rencontrer dans la nature, de nos jours, des spécimens dont la longueur totale dépasse 130 cm. Le record de longévité, en captivité, s'élève à 17 ans (Bartlett and Bartlett, 1996).

Ce varan, comme son nom l'indique, est fréquent dans les savanes de la zone soudano-sahélienne. On peut également le rencontrer dans des régions moins arides. Il est toutefois absent des forêts humides et des déserts proprement dits. C'est un animal actif et polyvalent, qui arpente son territoire à la recherche de nourriture durant tout le jour (Bartlett and Bartlett, 1996). Bien que principalement terrestre, il est capable (comme les autres varans) de nager, grimper et creuser. Contrairement au varan du Nil, le varan de savane a tendance à éviter la présence de l'homme. Arbres, terriers et autres termitières sont utilisés comme abris (De Lisle, 1996).

Le régime alimentaire du varan de savane présente, comme celui du varan du Nil, une forte tendance opportuniste. Il comprend arthropodes, mollusques, amphibiens, oiseaux, œufs de reptiles et petits mammifères. Le cannibalisme a également été rapporté chez cette espèce.

Le varan de savane est un animal territorial. Son activité est hautement saisonnière. Dans certaines régions, il peut rester en quiescence, inactif et sans s'alimenter, durant six mois (de décembre à juin).

D'un tempérament beaucoup moins agressif que le varan du Nil, le varan de savane est de très loin le plus populaire des varans en tant qu'animal de compagnie. De nombreux nouveau-nés sont prélevés dans la nature pour être élevés en captivité et alimenter le marché des N.A.C. en Europe ou aux Etats-Unis d'Amérique. Plusieurs dizaines de milliers d'individus quittent ainsi le continent africain chaque année. La viande de varan de savane est beaucoup moins appréciée que celle du varan du Nil ; sa présence est donc plus rare sur les marchés de viande de brousse. En revanche, l'espèce est régulièrement exploitée pour sa peau, largement utilisée dans l'artisanat local.

Le commerce de la peau et les prélèvements d'individus vivants destinés à l'exportation peuvent être, dans certaines régions d'Afrique sahélienne, à l'origine d'un déclin sensible des populations locales. Toutefois l'espèce dans son ensemble n'apparaît pas menacée ; elle est classée en annexe II de la CITES (CITES, 2011). Bien que son exploitation soit intense et régulière, elle a été jugée durable et non inquiétante (catégorie LC pour *least concern*) lors de la dernière évaluation de l'IUCN (Bennett and Sweet, 2009).

Animaux expérimentaux – Les 28 varans de savane impliqués dans ce travail ont été importés du Togo. Ils étaient âgés de moins de deux mois au début de l'expérience et pesaient de 27,5 à 53,3 g (voir données individuelles en annexe 2). Leur exposition *in ovo* (et après éclosion avant leur arrivée sur le site d'étude) aux polluants choisis pour l'expérience est inconnue mais supposée négligeable. Au total 21 individus ont été exposés à des contaminants (voir ci-après), sept autres ont servi de témoins négatifs. Les deux groupes n'ont pas été constitués aléatoirement, mais de manière à ce que la masse corporelle moyenne des individus qui les composent soit approximativement la même. Il n'a pas été envisageable de déterminer le sexe des animaux à cet âge, cette donnée n'a donc pas pu être prise en compte au moment de la constitution des groupes.

Hébergement - Afin de contrôler la prise alimentaire et de limiter le stress potentiel découlant des interactions négatives entre individus, les varans ont été hébergés individuellement. Les enclos étaient pourvus d'abris (écorce de liège), disposés de sorte que les animaux puissent à la fois se dissumuler et de se positionner à leur guise sur un gradient thermique. La présence de tels abris est pour les reptiles un facteur essentiel de limitation du stress. Les varans ont été hébergés dans des bacs en plastique opaque de 650 x 450 x 350 mm, recouverts d'un couvercle grillagé. Ils disposaient d'un bassin de 200 x 200 x 35 mm dont l'eau était changée quotidiennement. Les bacs individuels étaient équipés chacun d'une ampoule émettrice de rayons ultraviolets (nécessaires au développement normal du squelette) et d'une lampe chauffante créant un gradient thermique de 25 à 32 °C. Le fond des bacs était recouvert de litière (éclats de gangue de noix de coco). Leur entretien a été effectué par un personnel expérimenté, soucieux de réduire au minimum le temps d'intervention et le dérangement.

Protocole expérimental – Chez les reptiles, la voie alimentaire est la voie d'exposition prépondérante aux polluants environnementaux (Smith et al., 2007). Nous avons donc reproduit artificiellement une situation d'exposition chronique par voie alimentaire à 3 types de substances toxiques caractéristiques du risque de contamination environnementale qui prévaut dans les zones humides d'Afrique sub-saharienne :

- un pesticide organochloré, le 4,4'-DDT, fortement rémanent, bioaccumulable et bioamplifiable. Cette substance a été abondamment utilisée dans le passé contre les vecteurs du paludisme et l'est parfois encore de nos jours ;
- un pesticide organophosphoré, le chlorpyrifos éthyle (ou CPF), employé contre les arthropodes ravageurs, c'est l'un des pesticides les plus utilisés aujourd'hui en Afrique, mais aussi aux Etats-Unis d'Amérique ;
- un métal, le plomb, fortement associé à la pollution d'origine automobile au moins jusqu'à un passé récent.

Tous les varans ont été nourris *ad libitum* deux fois par semaine. Les repas étaient constitués de fœtus de souris. Après six semaines d'acclimatation, les varans ont reçu une fois par semaine un repas préalablement contaminé par une injection d'un mélange des trois polluants utilisés pour la présente étude (pour les animaux dits « exposés ») ou par une injection du seul liquide utilisé pour la dilution de ces polluants (*i.e.* de l'huile alimentaire, pour les animaux dits « témoins »). Les fœtus injectés étaient préparées à VetAgro Sup et transportés dans un contenant réfrigéré sur le site d'étude pour être donnés aux varans. Ces derniers ont ainsi reçu une dose fixe de chaque polluant, proportionnellement à leur masse corporelle dont l'évolution individuelle a fait l'objet d'un suivi régulier. Pour les spécimens exposés, les doses suivantes ont été initialement retenues, en référence aux données publiées jusqu'ici sur la contamination potentielle des proies des varans : 4,4'-DDT à 4 mg/kg/semaine, CPF à 2 mg/kg/semaine, plomb à 20 mg/kg/semaine. La masse corporelle prise en compte était celle de la semaine précédent l'alimentation. Toutefois, en raison de la mort prématurée de plusieurs individus (*cf. infra*), les doses de CPF et de plomb ont été revues à la baisse après huit semaines pour passer à 0,5 mg/kg et 10 mg/kg, respectivement.

Une fois les doses ajustées, plus aucun individu n'est mort. Les varans ont alors subi une exposition régulière jusqu'à leur euthanasie. Puisque seize individus seulement demeuraient alors, le plan d'euthanasie initial portant sur quatre varans par mois pendant six mois a été modifié : il a été décidé de constituer deux groupes de huit varans destinés à être euthanasiés à des dates différentes : le premier groupe (appelé dans la suite de ce document « premier groupe expérimental ») neuf semaines après le début de l'exposition aux doses modifiées, le second (« second groupe expérimental ») dix-huit semaines. Chacun des deux groupes comportait cinq varans exposés et trois témoins.

Une fois par semaine, les varans ont été pesés et mesurés (longueur museau-cloaque, ou LMC) au moment du nettoyage des bacs afin de limiter les dérangements.

Prélèvements et analyses – Les tissus suivants ont été prélevés sur chaque varan pour la réalisation des dosages toxicologiques : graisse, foie, reins, muscle, fémur, peau, pointe de la queue et phalanges. Le prélèvement des trois derniers tissus est aisément réalisable sur le terrain, et n'impliquent pas la mort du spécimen dont ils proviennent. Les varans perdent fréquemment l'extrémité de leur queue au cours de leur vie ; le prélèvement de quelques centimètres n'est pas néfaste à l'animal. De même, l'ablation d'une phalange est reconnu comme peu traumatisant et permet en outre le marquage individuel. Par ailleurs, un prélèvement de sang a été effectué sur les seize individus euthanasiés. Afin de tenter de mettre en évidence d'éventuels effets délétères en relation avec l'administration des trois polluants, certains tissus (graisse, foie, reins, muscle squelettique, pancréas et gonades) ont également été utilisés pour des analyses histopathologiques. Des dosages des constituants biochimiques élémentaires du sang et un examen hématologique ont été réalisés (cf. annexe 3 pour consulter les paramètres étudiés).

Les substances d'intérêt utilisées durant ce travail ont aussi été quantifiées dans les aliments proposés aux varans, dans l'eau qu'ils avaient à leur disposition, et dans l'huile utilisée pour l'injection du mélange de polluants dans les souriceaux. Les résultats de ces dosages ont révélé des concentrations négligeables.

Aspects analytiques – Les aspects analytiques sont en tous points semblables à ceux concernant les varans prélevés dans la nature, à cela près que les seules molécules recherchées sont celles administrées aux varans, c'est-à-dire plomb, 4,4'-DDT et CPF, plus deux métabolites du 4,4'-DDT : le 4,4'-DDD et le 4,4'-DDE. Dans la suite de ce document, le terme DDT total sera employé pour désigner la somme des concentrations de 4,4'-DDT, 4,4'-DDD et 4,4'-DDE.

Traitement statistique des données – Les groupes présentaient des effectifs réduits et la distribution des données s'est révélée non normale. En conséquence, des tests non paramétriques ont été utilisés. Des tests de Mann-Whitney-Wilcoxon ont été effectués pour rechercher d'éventuelles différences entre les individus exposés et les témoins. La comparaison des valeurs associées au groupe témoin avec celles des premier et second groupes expérimentaux a été réalisée à l'aide du test de Kruskal-Wallis, avec emploi de la méthode des corrections de Bonferroni pour traiter la question des comparaisons multiples. Le test non paramétriques des rangs de Spearman a été employé pour révéler de possibles corrélations, d'une part, entre les concentrations tissulaires et la quantité totale absolue de chaque contaminant administrée à chaque individu, et d'autre part, entre les concentrations dans les IND et celles dans les tissus cibles ou dans le muscle (tissu principalement consommé par l'homme).

Résultats et discussion

Le plomb et le 4,4'-DDT (et ses métabolites 4,4'-DDD et 4,4'DDE) ont été retrouvés, chez les varans de cette étude, à des concentrations rarement égalées chez un reptile (données de synthèse chez Campbell, 2003 ; Campbell et Campbell, 2000 ; Campbell et Campbell, 2001 ; Hall, 1980 ; Sparling et al., 2010). Les valeurs de concentration médiane, minimale et maximale mesurées dans chaque tissu sont présentées aux tableaux 5a (plomb) et 5b (DDT total). Des valeurs individuelles exceptionnellement élevées ont été observées chez certains des spécimens le plus longuement exposés, avec des maxima à 638,7 $mg.kg^{-1}$ de DDT total dans le tissu adipeux ou encore de 173 $mg.kg^{-1}$ dans le foie. En ce qui concerne le plomb, certains individus présentaient des concentrations dans le tissu osseux avoisinant les 80 $mg.kg^{-1}$, des concentrations rénales atteignant 13,6 $mg.kg^{-1}$ et des plombémies mesurées à plus de 11 $mg.l^{-1}$.

En revanche, le CPF n'a été détecté dans des proportions quantifiables dans aucun tissu des 28 varans impliqués dans l'étude.

Un autre résultat primordial de cette étude est, comme on l'a vu, que 10 varans exposés sont morts prématurément.

Absorption et accumulation des polluants administrés – Les valeurs médianes des concentrations du plomb et du DDT total mesurées chez les varans exposés se sont toujours avérées supérieures à celles mesurées chez les varans témoins ($p < 0,01$ quel que soit le tissu). Au regard des doses extrêmement élevées de plomb et de DDT mesurées à la fin de l'étude chez des individus exposés et pourtant apparemment en bonne santé, il est peu probable que ces deux polluants soient impliqués dans la mort précoce des 10 spécimens évoquée précédemment. Le seul composé pouvant être incriminé est donc bien le CPF. Bien qu'il n'ait pas été détecté, il a donc été absorbé lui aussi.

Ainsi, l'une des principales questions à l'origine de cette étude expérimentale trouve ici réponse : les varans de savane peuvent effectivement absorber le plomb, le DDT et le CPF lorsqu'ils sont exposés à ces polluants par voie alimentaire. Bien que toute généralisation soit à considérer avec précaution, il est par suite raisonnable de penser que les varanidés en général peuvent aussi les absorber. De plus, les concentrations très élevées mesurées chez les spécimens exposés suggèrent qu'une part importante du plomb et du DDT administrés se trouve finalement stockée dans les tissus des varans.

Tableau 5a : Valeurs médianes, minima et maxima des concentrations (en µg.g^{-1}) de plomb chez les varans expérimentaux (T : témoins, 1 : 1er groupe expérimental, 2 : 2nd groupe)

en µg.g^{-1}		Médiane	Minimum	Maximum
Os	T	0,581	< qt	1,386
	1	17,335	14,193	50,039
	2	73,679	34,286	78,439
Foie	T	0,032	< qt	0,131
	1	0,752	0,178	2,289
	2	2,489	1,679	8,427
Reins	T	0,078	< qt	0,671
	1	3,836	2,052	8,742
	2	8,261	6,101	13,569
Muscle	T	0,077	< qt	0,198
	1	0,240	< qt	0,598
	2	0,505	0,287	2,898
Sang	T	0,034	< qt	0,055
	1	0,724	0,157	6,189
	2	7,376	4,599	11,416
Peau	T	0,206	< qt	0,261
	1	0,386	0,284	0,775
	2	0,412	0,266	1,824
Pointe de la queue	T	0,345	0,063	1,983
	1	20,878	10,296	37,476
	2	43,408	30,754	55,365
Phalanges	T	0,584	< qt	1,949
	1	20,290	9,796	48,710
	2	50,087	32,105	60,816

<u>Tableau 5b :</u> *Valeurs médianes, minima et maxima des concentrations (en µg.g^{-1}) de DDT total dans les tissus provenant des varans expérimentaux (T : groupe d'animaux témoins, 1 : premier groupe expérimental, 2 : second groupe expérimental)*

en µg.g^{-1}		Médiane	Minimum	Maximum
Graisse abdominale	T	0,081	0,013	9,286
	1	220,745	197,961	512,006
	2	345,098	213,163	638,755
Foie	T	0,040	0,015	0,733
	1	65,672	34,005	125,974
	2	153,787	123,585	172,954
Reins	T	0,007	< qt	0,092
	1	0,446	0,211	0,635
	2	0,751	0,150	1,215
Muscle	T	0,005	< qt	0,045
	1	0,389	0,227	0,664
	2	0,812	0,217	1,274
Peau	T	< qt	< qt	0,010
	1	0,081	0,064	0,128
	2	0,148	0,048	0,221

Pour le plomb comme pour le DDT total, les valeurs médianes des concentrations (quel que soit le tissu considéré) sont généralement les plus basses chez les animaux du groupe témoin, intermédiaires chez ceux du deuxième groupe expérimental et les plus élevées chez ceux du troisième groupe expérimental. Le constat est identique avec les concentrations individuelles minimales et les concentrations individuelles maximales (voir Figure 15). Les tests de comparaison des rangs de Kruskal-Wallis et l'emploi de la méthode des corrections de Bonferroni confirment cette tendance générale.

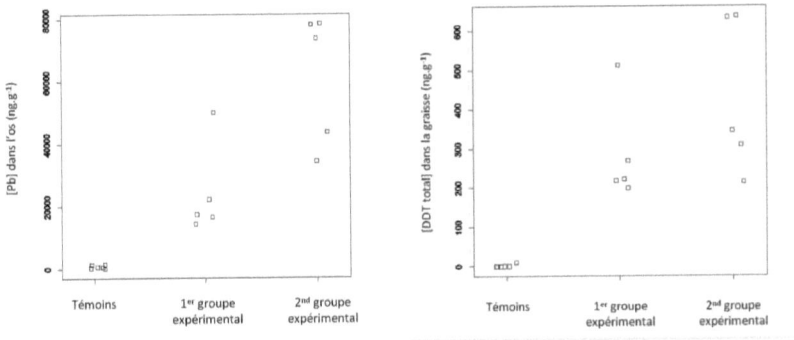

Figure 15 : Accumulation du plomb dans le tissu osseux des varans (à gauche),

et du DDT total dans le tissu adipeux abdominal (à droite)

Par ailleurs, les tests non paramétriques des rangs de Spearman révèlent une corrélation entre les charges tissulaires et la dose de plomb ou de DDT administrée (pour ces deux polluants : $p < 4.10^{-3}$ quel que soit le tissu). Il paraît donc établi qu'une accumulation du plomb et du DDT s'est produite dans les tissus des varans à mesure que se déroulait dans le temps l'administration d'aliments contaminés.

Le fait que le CPF n'ait pas été détecté, en dépit de son administration aux animaux, traduit certaines caractéristiques particulières de la contamination par ce composé, révélées par des études précédentes menées chez des mammifères (HSDB, 2010). Une intoxication aiguë au CPF peut produire des effets violents. Toutefois, chez le rat, sa dégradation en diéthyphosphate (DEP), diéthylthiophosphate (DETP) et trichloropyridinol (TCP) est rapide, de même que son excrétion, *via* l'urine et les fèces. La demi-vie de ces molécules dans le foie et les reins de rats pourtant exposés à une dose bien supérieure à celle administrée à nos varan (50 mg/kg) n'excède en général pas 20 heures (ONUAA/OMS, 1999 ; Timchalk et al.,

2007). Cela explique qu'après le délai de 7 jours entre l'administration du CPF et les prélèvements, on ne détecte plus cette molécule dans les tissus des varans expérimentaux contaminés. A noter toutefois que ce qui est vrai pour le CPF ne l'est pas nécessairement pour les autres OP, notamment le parathion et le malathion.

Survie des varans aux doses administrées – Le comportement et l'état de santé général des individus du second groupe expérimental, les plus lourdement contaminés, paraissaient normaux. Les premiers résultats des analyses anatomopathologiques n'ont par permis de mettre en évidence un quelconque effet délétère de la contamination sur les tissus ; de même, les analyses sanguines et plasmatiques n'ont révélé aucune différence, entre les varans exposés et les varans témoins, au niveau des paramètres hématologiques ou biochimiques (résultats sur les tableaux en annexe 3). On en conclura donc, jusqu'à plus ample informé, que les concentrations de plomb et de DDT total mesurées chez les individus exposés du second groupe expérimental – concentrations pourtant exceptionnellement élevées – n'ont pas d'effets pathologiques manifestes sur les varans.

Ainsi il est peu probable qu'à des niveaux plus faibles (cohérents avec la contamination des sites sur lesquels ont été prélevés les varans du Nil considérés plus haut), l'un de ces deux contaminants, voire l'association des deux, puisse être à l'origine de la mort de certains individus. Les varans de savane, et vraisemblablement aussi les autres varanidés (bien que cela reste à confirmer), peuvent visiblement supporter une exposition au plomb et au DDT à des doses très importantes.

En ce qui concerne l'interprétation des résultats relatifs au CPF, la situation est plus délicate. Il apparaît que les doses hebdomadaires de CPF administrées initialement aux varans (2 mg/kg/semaine) étaient trop importantes, pour certains spécimens du moins, et ont été à l'origine de la mort prématurée de 10 individus. En revanche, les quantités administrées ensuite, après que la dose hebdomadaire ait été revue à la baisse (à 0,5 mg/kg/semaine), se sont avérées suffisamment faibles pour ne causer la mort d'aucun autre varan.

Cette expérimentation reposait sur le postulat que les doses de polluants administrées initialement ne devaient pas occasionner de mortalité directe. Dix cas de mortalité directe ont pourtant été recensés. Ainsi, bien involontairement, nous avons établi une fourchette de valeurs entre une dose de CPF nocive (voire mortelle pour certains) et une dose sans effet délétère notoire ; cette substance étant administrée chez le varan de savane par voie orale, sur une base hebdomadaire, pendant six mois et en association avec une exposition au plomb et au DDT. Dans ces conditions, la dose maximale tolérable sans conséquence serait comprise entre 0,5 et 2 mg d'ingrédient actif par kilogramme de masse corporelle et par semaine.

Des effets neurologiques, caractéristiques de l'inhibition des cholinestérases, ont été manifestes chez plusieurs de nos spécimens expérimentaux, tant parmi ceux qui sont morts que parmi ceux qui ont survécu. Ces effets consistaient en tremblements importants, altération de la locomotion et de l'équilibre, hochements de tête répétés, sortie de la langue à une fréquence inhabituellement élevée, raideur des membres, enroulement de la queue, tétanie, comportements aberrants, apathie.

Les premiers signes d'intoxication sont apparus environ 2h30 après l'exposition par voie alimentaire. Les décès sont survenus huit à dix heures après l'exposition. Chez les spécimens qui ont survécu, plus aucun effet n'était observable au bout d'une durée de 22 heures et 30 minutes après le repas de souriceaux contaminés. Il apparaît ainsi que, d'une part, les varans de savane absorbent effectivement le CPF et que, d'autre part, à la dose de 2 mg/kg/semaine, soit ils en meurent sous une dizaine d'heures, soit ils parviennent à le métaboliser entièrement et se rétablissent en moins d'une journée.

Le chlorpyrifos-éthyle, largement et abondamment employé de nos jours sur une bonne partie des zones agricoles de la planète, représente donc potentiellement un danger considérable pour l'herpétofaune. Ce constat constitue un nouvel argument pour recommander la prise en compte des reptiles dans les analyses de risque liés aux intrants agricoles. Toutefois la généralisation de ces résultats à d'autres composés organophosphorés, comme le parathion, est peu judicieuse ; les doses néfastes des différents composés organophosphorés sont en effet très variables (Campbell et Campbell, 2000 ; Hall and Clark, 1982 ; Fryday et Thompson, 2009).

Utilisation des IND – Nous avons mis en évidence d'excellentes corrélations entre les concentrations en plomb mesurées dans l'os et, d'une part, celles mesurées dans la pointe de la queue ($p < 10^{-12}$, $\rho = + 0,93$) et, d'autre part, dans les phalanges ($p < 2.10^{-14}$, $\rho = + 0,95$) (voir Figure 16). L'os étant le tissu de stockage privilégié pour le plomb, l'utilisation de ces deux indices peut s'avérer fort judicieux à l'avenir pour traduire l'exposition des varans à ce métal sans avoir à tuer aucun animal. La pointe de la queue et les phalanges étant principalement composées d'os, ceci explique leur efficacité. Des corrélations ont également été révélées entre la charge en plomb du sang et celles de l'os ($p < 2.10^{-4}$, $\rho = + 0,81$) et du muscle ($p < 0,03$, $\rho = + 0,56$). Toutefois, l'usage des prélèvements sanguins est moins convainquant que celui des phalanges ou des fragments de queue pour trois raisons : i) les corrélations sont moins bonnes, ii) le prélèvement de sang peut s'avérer plus délicat sur le terrain et iii) la conservation des échantillons sanguins est moins facile (phalanges et pointes de queue peuvent être simplement séchées au soleil et conservées ensuite au sec à température ambiante). En outre, des corrélations plus modestes ont également été mises en évidence entre les charges en plomb des deux IND et celle du muscle ($p < 0,01$, $\rho = +0,49$ pour les pointes de queue ; et $p < 0,02$, $\rho = +0,47$ pour les phalanges). Ces deux IND peuvent donc également s'avérer utiles pour l'indication du risque encouru par les consommateurs de viande de brousse. En revanche, aucune corrélation significative n'a été détectée entre la contamination de la peau et celle d'autres tissus tels que l'os, le foie, le rein ou le muscle. Il est possible que l'excrétion d'une proportion substantielle du plomb par les mues soit à l'origine de cette absence de corrélation. Il ne semble donc pas indiqué d'utiliser des biopsies de peau pour inférer la contamination générale de l'organisme par ce métal. Enfin, il parait important de noter que des corrélations existent entre les concentrations en plomb dans les pointes de queue et les phalanges et celles que présentent des tissus pouvant traduire une exposition récente au plomb, tels que le foie ($p < 5.10^{-6}$, $\rho = +0,77$; et $p < 2.10^{-4}$, $\rho = +0,70$, respectivement) ou les reins ($p < 8.10^{-6}$, $\rho = +0,77$; et $p < 4.10^{-5}$, $\rho = +0,73$, respectivement).

En bref, la valeur des pointes de queue et des phalanges en tant qu'indicateurs non destructifs s'avère excellente et approximativement comparable.

En plus du travail sur le plomb, nous avons cherché à vérifier si des biopsies de peau pouvaient servir d'IND pour la contamination par le DDT total. Le résultat s'est avéré satisfaisant, puisque les concentrations en DDT total dans la peau des varans sont corrélées à celles mesurées dans le foie ($p < 5.10^{-5}$, $\rho = +0,73$), dans les reins ($p < 6.10^{-4}$, $\rho = +0,73$) et surtout dans la graisse abdominale ($p < 10^{-5}$, $\rho = +0,76$) (voir Figure 16). Ainsi les biopsies de peau se révèlent capables d'indiquer la contamination en DDT total (et sans doute aussi en d'autres pesticides organochlorés) de leur tissu de stockage principal, la graisse.

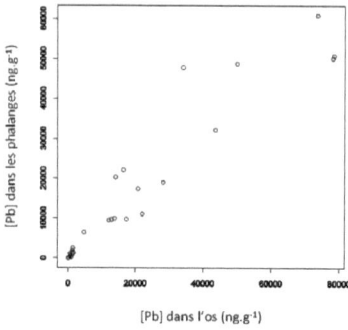 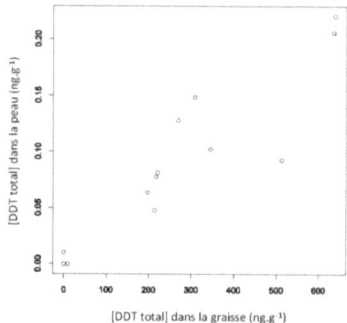

Figure 16 : Illustration de la corrélation entre la concentration en plomb dans l'os et dans un IND, les phalanges (à gauche de la figure), et de la corrélation entre la concentration en DDT total dans le tissu adipeux abdominal et dans un autre IND, la peau (à droite)

Etude des organotropismes – Compte tenu du petit nombre d'individus inclus dans l'étude, la distinction entre mâles et femelles n'a pas été faite de façon méthodique. La hiérarchie des concentrations en contaminants lors de ce travail expérimental est la suivante :

- Plomb :   os >>> rein > foie > [muscle, peau]
- 4,4'-DDT et ses métabolites :   graisse >>> foie > [rein, muscle] > peau

Les organotropismes révélés par l'étude expérimentale s'avèrent en tous points comparables à ceux observés chez les varans sauvages, et ce, à des concentrations tissulaires beaucoup plus élevées. Cette similitude entre les organotropismes observés à des niveaux de contamination très différents représente un atout supplémentaire de une espèce sentinelle. En effet elle valide le fait que, quelle que soit l'importance de la contamination environnementale, les schémas de contamination de l'organisme sont identiques et par conséquent les tissus à privilégier pour les dosages restent toujours les mêmes.

PARTIE 5 - CONCLUSIONS GENERALES ET PERSPECTIVES

Les travaux menés sur les animaux prélevés dans le milieu naturel ont montré que le varan du Nil représentait un outil de qualité pour l'estimation de la pollution des zones humides en Afrique sub-saharienne. Ils montrent notamment que cet animal sentinelle peut permettre de distinguer les degrés de contamination de divers sites, même si ceux-ci ne sont que légèrement affectés. Toutefois, à l'issue des prélèvements opérés sur le terrain, des zones d'ombre subsistaient, qui ont conduit à la mise en place d'un travail expérimental avec des varans de savane. Dans les limites imposées par la généralisation d'un résultat d'une espèce à une autre, les travaux expérimentaux ont permis de lever le doute sur l'essentiel des questions qui demeuraient.

Ils ont montré, en effet, que les trois polluants utilisés dans l'étude (plomb, DDT et CPF) sont absorbés par les varans, et que le plomb et le DDT s'accumulent dans leurs tissus. Ils ont aussi révélé que cette accumulation peut se faire dans des proportions exceptionnelles, sans provoquer d'effets délétères majeurs sur les varans. Ce résultat confirme donc la possibilité d'utiliser le varan du Nil comme indicateur de pollution pour une large gamme de concentrations. Il montre aussi qu'une part considérable des contaminants ingérés (plomb et DDT en tout cas) se retrouve stockée dans les tissus cibles ; la qualité de l'indication en est donc accrue. Pour le plomb et le DDT, l'importance de la contamination des tissus est fonction des quantités de contaminants auxquelles les individus sont exposés par voie alimentaire. Encore une fois, avec toute la réserve nécessaire lorsque l'on se risque à une généralisation des résultats, ces travaux suggèrent que les varanidés en général seraient susceptibles de révéler la contamination environnementale par le plomb et par les pesticides organochlorés. Puisque leur concentration dans les tissus des varans prélevés sur les quatre sites d'échantillonnage au Mali et au Niger s'est avérée limitée, on peut conclure que la contamination environnementale par le plomb et le DDT n'y revêt pas une importance majeure.

Pour ce qui est des organophosphorés, les expérimentations ont montré que le CPF pouvait facilement causer la mort des varans. Par ailleurs, l'absence de détection de ce composé, chez des animaux qui l'avaient pourtant absorbé, est un fait déjà largement signalé par les travaux précédents.

En bref, les éléments apportés par ce travail confirment que le varan du Nil se révèle être un bon outil pour l'indication de la contamination environnementale par le plomb et par les pesticides organochlorés. Dans le cas des organophosphorés, son efficacité est certainement plus variable, et dépend visiblement des caractéristiques physicochimiques des composés considérés. Parallèlement aux quantifications de contaminants proprement dits, il peut s'avérer judicieux de mener des dosages de biomarqueurs, comme par exemple la butyrylcholinestérase sérique, dont l'inhibition permet d'évaluer l'importance de l'exposition aux organophosphorés (Fossi et al., 1995 ; Sanchez et al., 1997). Mais cette approche ne permet pas l'identification formelle des composés en présence.

Enfin, l'utilisation d'indices non destructeurs sera privilégiée à l'avenir. Les essais faits ici dans ce sens s'avèrent concluants pour la pollution par le plomb (avec des dosages dans les phalanges ou dans les pointes de queue) et par le DDT (avec des dosages dans des biopsies de peau), à condition que l'exposition des varans soit considérable. La valeur de l'utilisation des IND pour le dosage d'autres polluants reste à évaluer.

L'usage des pyréthrinoïdes de synthèse, autre grande famille de pesticides, est croissant en Afrique. Les travaux qui permettraient d'apprécier la valeur du varan du Nil pour l'indication de la contamination environnementale par ce type de composés restent à réaliser. Pour que l'éventail des polluants d'importance majeure soit encore plus complet, il conviendrait également de prendre en considération les PCB et les dioxines/furanes, ainsi que d'autres métaux ou métalloïdes comme le mercure ou l'arsenic. Les polluants liés à l'exploitation du pétrole ou à la décharge sauvage de déchets issus des appareils électroniques (communément appelés « e-waste ») représentent des menaces croissantes en Afrique. La caractérisation de la contamination de l'environnement par ces sources revêt un intérêt majeur pour l'avenir, et l'utilisation d'un indicateur comme le varan du Nil pourrait contribuer à réaliser son suivi.

De multiples autres perspectives s'ouvrent également dans le sillage de cette étude. L'une des plus séduisantes concerne les conditions précises de la fixation du plomb dans le squelette, notamment les rapports pouvant exister entre la charge locale de ce métal, la vitesse de croissance des os et les modalités de leur morphogenèse (jeu complexe des dépôts et résorptions osseux). Dans ce domaine, les varans constituent un modèle biologique de grande valeur en raison des particularités structurales que montre leur squelette. Une autre piste des plus prometteuses concerne l'influence du temps (âge individuel) sur les concentrations de métaux et de pesticides dans l'organisme des animaux : la détermination squelettochronologique de l'âge des varans (à l'année près) rend possible de telles investigations. Enfin, l'utilisation du *modèle – varan* pour développer l'étude des phénomènes de détoxification des femelles lors de la ponte s'avère extrêmement prometteur en raison de la taille exceptionnelle des pontes de ces animaux (jusqu'à 60% du poids de la carcasse fraîche débarrassée des œufs selon Buffrénil et Rimblot-Bailly (1999).

REFERENCES BIBLIOGRAPHIQUES

Agyarko K, Darteh E, Berlinger B, 2010. Metal levels in some refuse dump soils and plants in Ghana. Plant Soil Environ 56(5):244–51

Ast JC, 2001. Mitochondrial DNA Evidence and Evolution in Varanoidea (Squamata). Cladistics 17:211-26

Auffenberg W, 1981. The Behavioral Ecology of the Komodo Monitor. University Presses of Florida, Gainesville, EUA. 406 pp.

Bartlett RD, Bartlett PP, 1996. Monitors, Tegus, and Related Lizards: A Complete Pet Owner's Manual. Barron's Educational Series, Inc., Hauppauge, EUA

Bayless MK, 2002. Monitor lizards: a pan-African check-list of their zoogeography (Sauria:Varanidae:Polydaedalus). J Biogeogr 29:1643-701

Beeby A, 2001. What do sentinels stand for? Environ Pollut 112:285-98

Beiglbock C, Steineck T, Tataruch F, Ruf T, 2002. Environmental cadmium induces histopathological changes in kidneys of roe deer. Environ Contam Toxicol 21:1811–6

Bennett D, 2002. Diet of juvenile *Varanus niloticus* (Sauria: Varanidae) on the Black Volta River in Ghana. J Herpetol 36(1):116-7

Bennett D, Sweet SS, 2009. Varanus exanthematicus. In: IUCN 2011. IUCN Red List of Threatened Species. Version 2011.1. <www.iucnredlist.org>. Downloaded on 02 October 2011.

Berny PJ, Buffrénil V de, Hémery G, 2006. Use of the Nile Monitor, *Varanus niloticus* L. (Reptilia; Varanidae), as a bioindicator of organochlorine pollution in African wetlands. Bull Environ Contam Toxicol 77:359-66

Best SM, 1973. Some organochlorine pesticide residues in wildlife of the Northern Territory, Australia, 1970-71. Aust J Biol Sci 26:1161-70

Biney C, Amuzu AT, Calamari D, Kaba N, Mbome IL, Naeve H, Ochumba PBO, Osibanjo O, Radegonde V, Saad MAH, 1994. Review of heavy metals in the African aquatic environment. Ecotox Environ Saf 28:134-59

Böhme W, 2003. Checklist of the living monitor lizards of the world (family Varanidae). Zool Verhand 341:3–43

Boman J, Wagner A, Brauer H, Viet Binh D, 2001. Trace elements in tissues from Vietnamese animals. X-Ray Spectrom 30:388-92

Brönmark C, Hansson L, 2002. Environmental issues in lakes and ponds: current state and perspectives. Environ Cons 29(3):290-306

Buffrénil V de, 1992. La pêche et l'exploitation du varan du Nil dans la région du lac Tchad. Bull Herp Soc France 62(2):47-56

Buffrénil V de, 1993. Les varans africains : *Varanus niloticus* et *Varanus exanthematicus*. Données de synthèse sur leur biologie et leur exploitation. Gland, Switzerland : Programme des Nations Unies pour l'Environnement, CITES secrétariat

Buffrénil V de, 1998. Exploitation et biologie des populations de varans du Nil en zone Soudano-tropicale. TCP/CHD/6611 – TCP/MLI/6611. ONUAA, Rome. 117 pp

Buffrénil V de, Castanet J, 2000. Age estimation by squelettochronology in the Nile monitor (*Varanus niloticus*), a highly exploited species. J Herpetol 34:414-24

Buffrénil V de, Chabanet C, Castanet J, 1994. Données préliminaires sur la taille, la croissance et la longévité du varan du Nil (*Varanus niloticus*) dans la région du Lac Tchad. Can J Zool 72(2):262-73

Buffrénil V de, Francillon-Vieillot H, 2001. Ontogenetic changes in bone compactness in male and female Nile monitors. J Zool Lond 254:539-46

Buffrénil V de, Hémery G, 2002. Variation in longevity, growth, and morphology in exploited Nile monitors (*Varanus niloticus*) from Sahelian Africa. J Herpetol 36(3):419-26

Buffrénil V de, Hémery G, 2007a. Harvest of the Nile monitor, *Varanus niloticus*, in Sahelian Africa. Part I: Demographic impact of professional capture technique. Mertensiella 16:181-94

Buffrénil V de, Hémery G, 2007b. Harvest of the Nile monitor, *Varanus niloticus*, in Sahelian Africa. Part II: Life history traits of harvested monitors. Mertensiella 16:195-217

Buffrénil V de, Ineich I, Böhme W, 2005. Comparative Data on epiphyseal development in the family Varanidae. J Herpetol 39(2):328-35

Buffrénil V de, Rimblot-Baly F, 1999. Female reproductive output in exploited Nile monitor lizard (Varanus niloticus L.) populations in Sahelian Africa. Can J Zool 77:1530-9

Burger, J. 2001. Biomonitoring Cadmium in Ecosystems: Trophic Level Considerations. Environmental Cadmium in the Food Chain: Sources, Pathways, and Risks. Syers JK, Gochfeld M, ed. Proceedings of the SCOPE Workshop. Belgian Academy of Sciences. Brussels, Belgium, 13-16 September 2000

Burger J, 2008. Assessment and management of risk to wildlife from cadmium. Sci Tot Environ 389: 37-45

Calamari D, 1985. Review of the state of aquatic pollution of West and Central African inland waters. CIFA/OP12. Rome: Food and Agriculture Organization of the United Nations

Campbell KR, 2003. Ecotoxicoloy of crocodilians. Applied Herpetol 1:45-163

Campbell KR, Campbell TS, 2000. Lizard contaminant data for ecological risk assessment. Rev Environ Contam Toxicol 165:39-116

Campbell KR, Campbell TS, 2001. The accumulation and effects of environmental contaminants on snakes: a review. Environ Monit Assess 70:253-301

CEPA. Canadian Environmental Protection Act, 1999. Toxic substances list – Updated schedule 1 as of October 13, 2010. http://www.ec.gc.ca/lcpecepa/default.asp?lang=En&n=0DA2924D-1&wsdoc=4ABEFFC8-5BEC-B57A-F4BF-11069545E434 Dernière connexion en Février 2011

Ciliberti A, Berny P, Delignette-Muller ML, Buffrénil V de, 2011. The Nile monitor (*Varanus niloticus* ; Squamata: Varanidae) as a sentinel species for lead and cadmium contamination in sub-Saharan wetlands. Sci Tot Environ 409:4735-45

Ciliberti A, Berny P, Vey D, Buffrénil V de, article in press. Assessing environmental contamination around obsolete pesticide stockpiles in West Africa: Using the Nile monitor (*Varanus niloticus*) as a sentinel species. Environ Toxicol Chem 31:387-94

Ciliberti A, Martin S, Ferrandez E, Belluco S, Rannou B, Dussart C, Berny P, Buffrénil V de, 2013. Experimental exposure of juvenile savannah monitors (*Varanus exanthematicus*) to an environmentally relevant mixture of three contaminants: Effects and accumulation in tissues. Env Sci Poll Res 20:3107-3114

Ciofi C, 2004. *Varanus komodoensis*. . In: Pianka ER, King DR, King RA, editors. Varanoid Lizards of the World. Indiana University Press, Bloomington, EUA. pp. 197-204

Ciofi C, de Boer ME, 2004. Distribution and conservation of the Komodo Monitor (*Varanus komodoensis*). Herpetol J 14:99-107

Cissé M, 1972. L'alimentation des Varanidés au Sénégal. Bull IFAN 34(2):503-15

Cissé M, 1973. Evolution de la graisse de réserve et cycle génital chez *Varanus n. niloticus* L. Bull IFAN 35A(1):169-79

CITES, 2011. UNEP-WCMC Species Database: CITES-Listed Species Convention on International Trade in Endangered Species of Wild Fauna and Flora. Geneva, Switzerland. http://www.cites.org Dernière connexion en Juin 2011

Coats JR, 1990. Mechanism of toxic action and structure-activity relationships for organochlorine and synthetic pyrethroid insecticides. Environ Health Perspect 87:255-62

Commission Européenne, 2005. Commission Regulation (EC) No. 78/2005 of 19th January 2005. Amending Regulation (EC) No 466/2001 as regards heavy metals. Official Journal of the European Union L 16/43. http://www.food.gov.uk/multimedia/pdf s /ecreg782005.pdf Dernière connexion en Juin 2011

Cowles RB, 1936. The life history of *Varanus niloticus* (Linnaeus) as observed in Natal, South Africa. J Entomol Zool 22(1):1-31

Crain DA, Guillette LJ Jr., Rooney AA, Pickford DB, 1997. Alterations in steroidogenesis in alligators (Alligator mississippiensis) exposed naturally and experimentally to environmental contaminants. Environ Health Perspect 105(5):528-33

De Lisle HF, 1996. The Natural History of Monitor Lizards. Krieger Publishing Company, Malabar, EUA

De Silva HJ, Samarawickrema NA, Wickremasinghe AR, 2006. Toxicity due to organophosphorus compounds: what about chronic exposure? Trans R Soc Trop Med Hyg 100:803-6

EC (Commission Européenne), 2001a. Commission Regulation (EC) No, 466/2001 of 8th March 2001. Setting maximum levels for certain contaminants in foodstuffs. http://www.caobisco.com/doc_uploads/legislation/466–2001EN.pdf Dernière connexion en Juin 2011

EC (Commission Européenne), 2001b. Decision 2455/2001/EC of the European Parliament and of the Council of 20 November 2001 establishing the list of priority substances in the field of water policy and amending Directive 2000/60/EC. Annex 10, Table 1: List of priority substances in the field of water policy

Erickson GM, Ricqlès A de, Buffrénil V de, Molnar RE, Bayless MK, 2003. Vermiform bones and the evolution of giggantism in Megalania—how a reptilian fox became a lion. J Vert Paleont 23:966–70

Fossi MC, Sanchez-Hernandez JC, Diaz-Diaz R, Lari L, Garcia-Hernandez JE, Gaggi C, 1995. The lizard *Gallotia galloti* as a bioindicator of organophosphorus contamination in the Canary Islands. Environ Pollut 87:289-94

Francillon-Vieillot H, Buffrénil V de, Castanet J, Géraudie J, Meunier FJ, Sire JY, Zylberberg L, Ricqlès A de, 1990. Microstructure and mineralization of vertebrate skeletal tissues. In: Carter JG, Editor, Skeletal Biomineralization: Patterns, Processes and Evolutionary Trends. Vol. 1, Van Nostrand Rheinhold, New York, EUA. pp. 499–512

Fryday S, Thompson H. 2009. Compared toxicity of chemicals to reptiles and other vertebrates. CFT/EFSA/PPR/2008/01, Lot 2. Environmental Risk Assessment Team, Environmental Risk Programme, The Food and Environment Research Agency, York, UK

Fukuto TR, 1990. Mechanism of action of organophosphorus and carbamate insecticides. Environ Health Perspect 87:245-54

Gaulke M, 2004. *Varanus mabitang*. . In: Pianka ER, King DR, King RA, editors. Varanoid Lizards of the World. Indiana University Press, Bloomington, EUA. pp. 208-11

Gaulke M, Horn HG, 2004. *Varanus salvator*. In: Pianka ER, King DR, King RA, editors. Varanoid Lizards of the World. Indiana University Press, Bloomington, EUA. pp. 244-71

Gochfeld M, Burger J, 1982. Biological concentration of cadmium in estuarine birds of the New York Bight. Colonial Waterbirds 5:116-23

Guillette LJ Jr., Crain DA, Gunderson MP, Kools SAE, Milnes MR, Orlando EF, Rooney AA, Woodward, 2000. Alligators and endocrine disrupting contaminants: a current perspective. Amer Zool 40:438–452

Haacke WD, 1995. *Varanus niloticus niloticus*, Nile monitor: size. Afr Herpetol News 22:45-46

Hall RJ, 1980. Effects of environmental contaminants on reptiles: a review. United States Department of the Interior, Fish and Wildlife Service, Special Scientific Report – Wildlife No. 228, Washington D.C.

Hall RJ, Clark Jr DR. 1982. Responses of the iguanid lizard *Anolis carolinensis* to four organophosphorus pesticides. *Environ Pollut Ser A* 28:45-52

Holmes RB, Murray AM, Attia YS, Simons EL, Chatrath P, 2010. Oldest known Varanus (Squamata:Varanidae) from the upper eocene and lower oligocene of Egypt: support for an African origin of the genus. Palaeontol 53(5):1099-110

Horn HG, 2004. *Varanus salvadorii*. . In: Pianka ER, King DR, King RA, editors. Varanoid Lizards of the World. Indiana University Press, Bloomington, EUA. pp. 234-43

HSDB, 2010. NLM/NIH, Toxnet, Hazardous Substances Data Bank
http://toxnet.nlm.nih.gov/cgi-bin/sis/search/f?./temp/~g9OSNW:1 Dernière connexion en septembre 2011

INS, 2010. Institut National de la Statistique. Annuaire statistique des cinquante ans d'indépendance du Niger.
http://www.statniger.org/statistique/file/Annuaires_Statistiques/Annuaire_ins_2010/53.pdf

INSTAT, 2009. Institut National de la Statistique, Région de Ségou.
http://instat.gov.ml/documentation/segou.pdf

IUCN, 2010a. Crocodile Specialist Group 1996. *Crocodylus niloticus*. In: IUCN 2010. IUCN Red List of Threatened Species. Version 2010.4. www.iucnredlist.org Dernière connexion en Juin 2011

IUCN, 2010b. IUCN Red List of Threatened Species. Version 2010.4. www.iucnredlist.org Dernière connexion en Juin 2011

Jones DE, Holladay SD, 2006. Excretion of three heavy metals in the shed skin of exposed corn snakes (*Elaphe guttata*). Ecotox Environ Saf 64: 221-5

Karlsson S, 2002. The North-South knowledge divide: consequences for global environmental governance. In: Esty DC, Ivanova M, editors. Strengthening global environmental governance: options and opportunities. Nex Haven CT: Yale School of Forestry and Environmental Studies

Karlsson S, Srebotnjak T, Gonzales P, 2007. Understanding the North–South knowledge divide and its implications for policy: a quantitative analysis of the generation of scientific knowledge in the environmental sciences. Environ Sci Pollut 10:668–84.

King D, Green B, 1993. Monitors: The Biology of Varanid Lizards. Krieegr Publishing Company, Malabar, EUA. 116 pp.

Koch A, Auliya M, Ziegler T, 2010. Updated checklist of the living monitor lizards of the world (Squamata - Varanidae). Bonn Zool Bull 57(2):127-36

Komarnicki GJK, 2000. Tissue, sex and age specific accumulation of heavy metals (Zn, Cu, Pb, Cde) by populations of the mole (*Talpa europaea* L.) in a central urban area. Chemosphere 41:1593–602

Lacher TE, Goldstein MI, 1997. Tropical ecotoxicology: status and needs. Environ Toxicol Chem 16(1):100-11

Lambert MRK, 2005. Lizards used as bio-indicators to monitor pesticide contamination in sub-Saharan Africa: a review. Appl Herpetol 2:99-107

Lance VA, Cort T, Masuoka J, Lawson R, Saltman P, 1995. Unusually high zinc concentrations in snake plasma, with observations on plasma zinc concentrations in lizards, turtles and alligators. J Zool 235(4):577-85

Lecointre G, Le Guyader H, 2007. Classification Phylogénétique du Vivant. Troisième edition. Belin, Paris, France

Lenz S, 1995. Zur Biologie und Ökologie des Nilswarans, *Varanus niloticus* (Linnaeus, 1766) in Gambia, Westafrika. Mertensiella 5:1-256

Lenz S, 2004. *Varanus niloticus*. In: Pianka ER, King DR, King RA, editors. Varanoid Lizards of the World. Indiana University Press, Bloomington, EUA. pp. 133-8

Luiselli L, Akani GC, Capizzi D, 1999. Is there any interspecific competition between dwarf crocodiles (*Osteolaemus tetraspis*) and Nile monitors (*Varanus niloticus ornatus*) in the swamps of central Africa? A study from south-eastern Nigeria. J Zool Lond 247:127-31

Magnino S, Colin P, Dei-Cas E, Madsen M, McLauchlin J, Nöckler K, Maradona MP, Tsigarida E, Vanopdenbosch E, Van Peteghem C, 2009. Biological risk associated with consumption of reptile products. Int J Food Microbiol 134:163-75

Mann RM, Sánchez-Hernádez JC, Serra EA, Soares AMVM, 2007. Bioaccumulation of Cd by a European lacertid lizard after chronic exposure to Cd-contaminated food. Chemosphere 68: 1525-34

Milnes MR, Bermudez DS, Bryan TA, Gunderson MP, Guillette LJ Jr, 2005. Altered neonatal development and endocrine function in *Alligator mississippiensis* associated with a contaminated environment. Biol Reprod 73:1004-10

Molnar RE, Pianka ER, 2004. Biogeography and phylogeny of varanoids. In: Pianka ER and DR King (Eds), Varanoid Lizards of the World, Indiana University Press, Bloomington, Indianapolis. pp 68-76

MTAS, 1996. Ministère du Travail et des Affaires Sociales, Conseil Supérieur d'Hygiène Publique de France / Section de l'Alimentation et de la Nutrition. Plomb, Cadmium et Mercure dans l'Alimentation : Evaluation et Gestion du Risque. Avoisier Tec & Doc, Paris, France.

N'Riagu JO, 1992. Toxic metal pollution in Africa. Sci Tot Environ 121:1-37

Odai SN, Mensah E, Sipitey D, Ryo S, Awuah E, 2008. Heavy metals uptake by vegetables cultivated on urban waste dumpsites: case study of Kumasi, Ghana. Res J Environ Toxicol 2(2):92-99

OMS, 1994. Organisation Mondiale de la Santé. Guidelines for drinking-water quality, third edition incorporating the first and second addenda volume 1, Recommendations, WHO, Geneva

ONUAA/OMS, 1989. Environmental Health Criteria 91; Aldrin and Dieldrin.

ONUAA/OMS, 1999. Pesticide Residues in Food, Toxicological Evaluations, Chlorpyrifos (1999). Available from, as of September 2nd, 2011:

http://www.inchem.org/documents/jmpr/jmpmono/v99pr03.htm

ONUAA, 2003. Organisation des Nations Unies pour l'Alimentation et l'Agriculture. Codex Alimentarius Commission. Food additives and contaminants. Joint FAO/WHO Food Standards Programme, ALINORM/12A

http://www.codexalimentarius.net/download/report/47/Al0312ae.pdf Dernière connexion en Juin 2011

ONUAA, 2004. Organisation des Nations Unies pour l'Alimentation et l'Agriculture. Guiding principles for the quantitative assessment of soil degradation with a focus on salinization, nutrient decline and soil pollution

ftp://ftp.fao.org/agl/agll/docs/misc36e.pdf Dernière connexion en Juin 2011

Peakall D, Burger J, 2003. Methodologies for assessing exposure to metals: speciation, bioavailability of metals, and ecological host factors. Ecotoxicol Environ Saf 56:110–21

Pianka ER, 1970. Notes on *Varanus brevicauda*. West Aust Natural 11(5):113-6

Pianka ER, 2004. *Varanus olivaceus*. In: Pianka ER, King DR, King RA, editors. Varanoid Lizards of the World. Indiana University Press, Bloomington, EUA. pp. 220-4

Pianka ER, King DR (Eds), 2004. Varanoid Lizards of the World, Indiana University Press, Bloomington, Indianapolis, EUA. 588 pp.

Pianka ER, Vitt LJ, 2003. Lizards: Windows to the Evolution of Diversity. London: University of California Press, Ltd.

R Development Core Team, 2010. R: a language and environment for statistical computing. R Foundation for Statistical Computing, Vienna, Austria. ISBN 3-900051-07-0, URL http://www.R-project.org

Ramade F, 2010. Introduction à l'écotoxicologie. Fondements et applications. Paris: Lavoisier

Ramsar : Convention on Wetlands of International Importance especially as Waterfowl Habitat. Ramsar (Iran), 2 February 1971. UN Treaty Series No. 14583. As amended by the Paris Protocol, 3 December 1982, and Regina Amendments, 28 May 1987

Reyes MAP, Bennett D, Oliveros C, 2008. The monitor lizards of Camiguin Island, Northern Philippines. Biawak 2(1):28-36

Sanchez JC, Fossi MC, Focardi S, 1997. Serum B esterases as a non-destructive biomarker in the lizard *Gallotia galloti* experimentally treated with parathion. Environ Toxicol Chem 16:1954-61

Smith KT, Bhullar BAS, Holroyd PA, 2008. Earliest African record of the *Varanus* stem-clade (Squamata:Varanidae) from the early oligocene of Egypt. J Vert Paleontol 28(3):909-913

Smith PN, Cobb GP, Godard-Codding C, Hoff D, McMurry ST, Rainwater TR, Reynolds KD, 2007. Contaminant exposure in terrestrial vertebrates. Environ Pollut 150:41-64

Sparling DW, Linder G, Bishop CA, Krest SK, 2010. Ecotoxicology of Amphibians and Reptiles. 2nd ed. Society of Environmental Toxicology and Chemistry (SETAC), Pensacola, EUA

Stock M, Herber RFM, Geron HMA, 1989. Cadmium levels in oystercatcher Haematopus ostralegus from the German Wadden Sea. Mar Ecol Progr Ser 53:227–34

Thompson G, 1999. Goanna metabolism: is it different to other lizards, and if so what are the ecological consequences? Mertensiella 11:79-90

Timchalk C, Kousba A, Poet TS, 2007. An Age-Dependent Physiologically Based Pharmacokinetic/Pharmacodynamic Model for the Organophosphorus Insecticide Chlorpyrifos in the Preweanling Rat. Toxicol Sci 98:348-65

Trinchella F, Riggio M, Filosa S, Volpe MG, Parisi E, Scudiero R, 2006. Cadmium distribution and metallothionein expression in lizard tissues following acute and chronic cadmium intoxication. Comp Biochem Physiol C 144: 272-8

USEPA, 2007. Framework for metals risk assessment (EPA/120/R-07/001). US Environmental Protection Agency, Washington D.C.

Vitt LJ, Caldwell JP, 2009. Herpetology: An Introductory Biology of Amphibians and Reptiles. Third edition. Academic Press, San Diego, CA USA

Yabe J, Ishizuka M, Umemura T, 2010. Current levels of heavy metal pollution in Africa. J Vet Met Sci 72(10):1257-1263

Yoshinaga J, Suzuki T, Hongo T, Minagawa M, Ohtsuka R, Kawabe T, Inaoka T, Akimichi T, 1992. Mercury concentration correlates with the nitrogen stable isotope ratio in the animal food of Papuans. Ecotox Environ Saf 24:37–45

ANNEXES

Annexe 1 :   Caractéristiques des varans du Nil prélevés

Annexe 2 :   Caractéristiques des varans expérimentaux

Annexe 3 :   Résultats bruts de l'étude histologique, de l'analyse hématologique et des dosages biochimiques

ANNEXE 1

N°	Pays	Site	Sexe	MC (kg)	LMC (cm)	MG (g)
1	Mali	Niono/Molodo	M	0,780	32,0	41
2			M	2,36	45,7	104
3			M	1,78	44,7	147
4			M	2,16	46,6	115
5			M	3,10	54,3	164
6			M	3,54	54,7	75
7			F	1,60	45,2	41
8			M	4,18	58,3	148
9			M	3,84	58,4	65
10			F	0,492	31,0	21
11			M	1,84	44,4	99
12			M	1,34	39,7	87
13			M	2,30	46,2	120
14			F	1,44	45,2	13
15			M	3,18	54,9	157
16			M	2,22	45,7	157
17			F	1,34	42,1	43
18			F	0,780	34,0	32
19		Flabougou	F	2,24	50,2	51
20			M	1,42	39,0	63
21			F	1,14	39,6	40
22			F	2,76	52,5	76
23			M	2,58	50,1	129
24			M	2,24	49,2	129
25			M	3,28	54,7	109
26			M	0,485	27,1	30
27			M	0,316	25,1	20
28			M	5,66	66,6	17
29			F	1,50	45,8	1
30			M	4,52	60,4	70
31			F	1,32	39,5	95
32			M	1,56	42,0	54
33	Niger	Niamey	M	1,982	45,9	42
34			F	3,01	58,1	70
35			F	1,18	42,5	23

ID			Site	Sexe	MC	LMC	MG
36				F	2,08	52,9	15
37				M	2,90	53,0	46
38				M	0,643	32,1	20
39				M	4,80	67,2	8
40				M	0,342	27,2	9
41				M	2,14	45,7	70
42				F	1,98	48,1	28
43				M	1,96	47,5	64
44				M	1,64	43,1	7
45				M	1,68	44,0	62
46				M	1,24	40,0	24
47				F	0,615	31,8	32
48				F	1,08	41,0	36
49				M	0,842	34,1	92
50				M	2,88	53,8	1
51				F	0,989	35,3	60
52				F	0,633	32,9	33
53				F	0,796	34,3	76
54				M	1,26	38,7	46
55			Diffa	F	0,607	32,9	24
56				F	1,04	38,5	57
57				F	1,94	46,5	91
58				F	1,46	43,8	33
59				F	0,717	32,7	57
60				M	3,44	55,7	87
61				M	0,986	38,0	50
62				M	2,88	53,4	35
63				F	1,44	41,2	94
64				F	0,665	33,1	36
65				M	1,24	37,0	110
66				F	0,897	34,2	43
67				M	1,58	39,0	83
68				F	1,04	38,2	71
69				M	0,902	34,5	47
70				F	0,617	32,0	48
71				F	0,987	36,5	71

MC : masse corporelle ; LMC : longueur museau-cloaque ; MG : masse du tissu adipeux

ANNEXE 2

V. exanthematicus - Caractéristiques des individus captifs

Varan n°	LMC	LQ	Masse	Sexe
1	11,6	10,6	29,5	M
2	11,3	10,4	30,9	M
3	12,5	11,4	35	F
4	12,2	12	38,5	M
5	11,1	10,4	29,3	F
6	12,4	10,7	30,7	M
7	12,4	10,3	36,4	F
8	13,5	12,8	48,1	M
9	11,5	10,2	28,5	
10	12	10,7	32	F
11	11,8	8,6	35,3	M
12	12,8	11,9	41,3	F
13	11,9	10,2	29,5	
14	11,6	10,4	32,1	
15	11,7	11	35,3	M
16	12	11,7	40,6	M
17	11,4	10	29,5	M
18	11,5	10,1	30,8	F
19	12,5	11,9	36,1	M
20	14,1	13,5	48,7	F
21	12,8	11,4	33,6	F
22	12,3	11,9	34,9	F
23	11,9	10,3	37	M
24	12,8	11,8	39,3	F
25	10	9,8	27,5	F
26	11,6	10,4	27,9	F
27	13	12,5	53,3	F
28	11,7	10	27,5	

ANNEXE 3

Examen histologique de 6 organes (rein, foie, pancréas, graisse, muscle strié, appareil génital) provenant de 16 *V. exanthematicus*

1 : 11-1359

    Kidney: foetal nephrons, subcortical, multifocal, slight

    liver: glycogenosis, diffuse severe

    Testis: leydig cell hyperplasia, diffuse, moderate

2 : 11-1360 ctrl

    Kidney: foetal nephrons, subcortical, multifocal, slight

    Liver: glycogenosis, diffuse severe

    Testis: leydig cell hyperplasia, diffuse, moderate

5 : 11-1361

    Kidney: foetal nephrons, subcortical, multifocal, slight

            perivascular lymphocytic cuff, around a collector duct

    Liver: glycogenosis, diffuse severe

    Ovary: atretic follicles, moderate

6: 11-1362

    Kidney: foetal nephrons, subcortical, multifocal, slight

    Liver: biliary hyperplasia in the portal spaces, diffuse moderate

            Glycogenosis, diffuse, moderate

    Testis: leydig cell hyperplasia, diffuse, moderate

10: 11-1363 ctrl

    Kidney: foetal nephrons, subcortical, multifocal, slight

    Liver: glycogenosis, diffuse severe

12: 11-1364

Kidney: foetal nephrons, subcortical, multifocal, slight

Liver: glycogenosis, diffuse severe

Pancreas: lymphocytic infiltrate, focal, moderate

15: 11-1365 ctrl

Kidney: foetal nephrons, subcortical, multifocal, slight

Liver: glycogenosis, diffuse severe

Testis: leydig cell hyperplasia, diffuse, moderate

17: 11-1366 ctrl

Kidney: foetal nephrons, subcortical, multifocal, slight

Liver: glycogenosis, diffuse severe

Testis: leydig cell hyperplasia, diffuse, severe

18: 11-1367

Kidney: foetal nephrons, subcortical, multifocal, slight

Liver: glycogenosis, diffuse severe

steatosis, macrovacuolar, multifocal, slight

19: 11-1368

Kidney: foetal nephrons, subcortical, multifocal, slight

Liver: glycogenosis, diffuse severe

steatosis, macrovacuolar, subcapsular diffuse, moderate

Testis: leydig cell hyperplasia, multifocal, slight

21: 11-1369

Kidney: foetal nephrons, subcortical, multifocal, slight

Liver: glycogenosis, diffuse severe

stetatosis, macrovacuolar, subcapsular diffuse, severe. Focal cell degeneration and necrosis (artefact?)

Ovary: atretic follicles, scant.

22: 11-1370 ctrl

    Kidney: foetal nephrons, subcortical, multifocal, slight

    Liver: glycogenosis, diffuse severe

    Ovary: atretic follicles: moderate

23: 11-1371

    Kidney: foetal nephrons, subcortical, multifocal, slight.

        Focal degeneration (artefact)

    Liver: glycogenosis, diffuse severe

        Lymphocytic infiltration, focal, slight

    Testis: leydig cell hyperplasia, diffuse, moderate

24: 11-1372

    Kidney: foetal nephrons, subcortical, multifocal, slight

    Liver: glycogenosis, diffuse severe

        Macrophagic infiltration, focal, slight

    Pancreas: lymphocytic infiltration, focal, slight

    Ovary: atretic follicles, moderate

G: 11-1373 ctrl

    Kidney: foetal nephrons, subcortical, multifocal, slight

    Liver: glycogenosis, diffuse severe

    Ovary: atretic follicles: moderate

R: 11-1374

    Kidney: foetal nephrons, subcortical, multifocal, slight

    Liver: glycogenosis, diffuse severe

        steatosis, macrovacuolar, multifocal, moderate.

    Ovary: atretic follicles, slight.

Résultats bruts des analyses hématologiques

	Hétérophile	Azurophiles	Lympho.	Monocytes	Eosinophiles	Commentaires
6	x	x	x	x	x	Leucocytes en amas / Thrombocytes en amas / GRs Ok
10	41	2	41	16	0	Amas de thrombocytes / GRs et leucos ok
17	43	27	21	9	0	Thrombos, leucos, GRs Ok
12	x	x	x	x	x	Leucocytes en amas / Thrombocytes en amas / GRs Ok
G	52	19	24	5	0	Thrombos, leucos, GRs Ok
1	34	19	29	18	0	Thrombos, leucos, GRs Ok
21	32	18	39	11	0	Thrombos, leucos, GRs Ok
19	45	27	23	5	0	Thrombos, leucos, GRs Ok
C	61	0	33	6	0	Thrombos, leucos, GRs Ok
B	43	15	35	7	0	Thrombos, leucos, GRs Ok
A	48	20	26	6	0	Thrombos, leucos, GRs Ok / 1 GR avec ponctuation basophile
R	49	22	19	10	0	Thrombos, leucos, GRs Ok
18	53	10	25	12	0	Thrombos, leucos, GRs Ok
22	53	12	23	10	2	Leucopénie légère probable, GRs et Thrombos ok
15	47	32	19	2	0	Thrombos, leucos, GRs Ok
5	49	21	23	7	0	Thrombos, leucos, GRs Ok

Résultats bruts des dosages biochimiques

ID	ALBUMINE	ALT	CK	CL	CREA	GGT	K	NA	PAL	PROT	UREE
	g/L	U/L	U/L	mmol/L	µmol/L	U/L	mmol/L	mmol/L	U/L	g/L	mmol/L
1	14	13	230	113	4	1	15	137	37	50	0
5	17	-	264	113	3	< 1	27,5	124	-	-	0,4
6	16	64	454	112	2	1	12,5	141	133	58	0,4
10	17	24	658	113	3	1	18,5	135	2	61	0,3
12	15	2	306	114	1	< 1	13	140	19	58	0,5
15	14	1	120	112	6	2	23,1	129	4	48	0,3
17	16	9	183	109	2	1	13,2	139	34	51	0,5
18	-	-	553	120	5	-	28,4	127	8	-	-
19	15	8	1130	105	2	1	14,7	135	19	52	0,5
21	19	8	729	-	4	< 1	-	-	2	69	0,6
22	17	4	1382	122	4	< 1	19,8	140	5	53	0,6
a	16	5	2332	120	3	2	17,2	140	8	48	0,6
b	16	2	469	122	3	3	28,1	130	-	-	0,4
c	15	2	1222	113	3	3	19,6	134	4	54	0,2
g	18	5	665	112	3	4	17,4	137	5	68	0,2
r	20	12	810	-	4	< 1	-	-	6	76	0,5

Oui, je veux morebooks!

i want morebooks!

Buy your books fast and straightforward online - at one of world's fastest growing online book stores! Environmentally sound due to Print-on-Demand technologies.

Buy your books online at

www.get-morebooks.com

Achetez vos livres en ligne, vite et bien, sur l'une des librairies en ligne les plus performantes au monde!
En protégeant nos ressources et notre environnement grâce à l'impression à la demande.

La librairie en ligne pour acheter plus vite

www.morebooks.fr

 VDM Verlagsservicegesellschaft mbH
Heinrich-Böcking-Str. 6-8   Telefon: +49 681 3720 174   info@vdm-vsg.de
D - 66121 Saarbrücken   Telefax: +49 681 3720 1749   www.vdm-vsg.de

Printed by Books on Demand GmbH, Norderstedt / Germany